日本のトップレベル研究者に聞く

【研究者を志した動機と研究テーマ、日本の研究環境、国際動向と日中科学技術協力について】

独立行政法人科学技術振興機構
研究開発戦略センター
林　幸秀（編・著）
岡山　純子（著）

はじめに

本書は、日本の研究開発現場の最先端におられる二七名のトップレベル研究者にインタビューした結果をまとめたものです。

二〇一四年度のノーベル物理学賞の受賞者三名が日本人研究者であったように、日本の科学技術レベルは世界的に見て非常に高いと考えられています。日本にはノーベル賞受賞者を頂点としてトップレベルの研究者が数多くいて、互いに切磋琢磨しながら研究開発を進めています。今回は、これら数多くのトップレベル研究者の中から、五〇歳未満の若手中堅の研究者で世界的な成果を挙げている方を選び、日本の研究環境を中心にお話しを伺いました。

私は、科学技術振興機構（ＪＳＴ）研究開発戦略センターで海外動向を中心に調査分析を行っており、「序」に詳しく述べるようにその一環で中国との共同調査に資するためインタビューを行ったのですが、現在輝いている日本の若手中堅のトップレベルに直接インタビューしたことは、私にとって大変インパクトのある経験でした。そこで、このインタビュー結果を整理してできるだけ多くの関係者に読んでもらおうと考え、出版することを思い立ったものです。

科学技術を扱う書籍としては、科学技術のテーマについて深く追求していないため物足りなく感じる点もあると思いますが、それを越えて研究者としての気迫、日本の研究システムへの洞察力ある意見、中国への視点などを味わっていただければと考えています。

なお、すでに述べたように、日本には世界的に見ても優れた研究者が大勢います。今回この書籍に掲載した二七名はその一部の方々に過ぎないと考えていますが、お会いした方々はいずれも一騎当千の研究者ばかりであり、個人的にはこれらの方々の中から将来ノーベル賞、フィールズ賞や日本国際賞、京都賞などの栄誉に輝く方ができるだけ多く出てほしいと願っています。

二〇一五年三月

科学技術振興機構　研究開発戦略センター
上席フェロー（海外動向ユニット担当）
林　幸秀

目次

はじめに
序 …… 1
第一部（ライフサイエンス） …… 15
家田 真樹 慶應義塾大学医学部特任講師 …… 15
池谷 裕二 東京大学大学院薬学系研究科教授 …… 25
井上 彰 東北大学病院臨床研究推進センター特任准教授 …… 37
上田 泰己 東京大学大学院医学系研究科教授 …… 47
熊ノ郷 淳 大阪大学大学院医学系研究科教授 …… 57
柴田 龍弘 国立がん研究センターがんゲノミクス研究分野長 …… 69
高橋 英彦 京都大学大学院医学研究科准教授 …… 79
田中 元雅 理化学研究所脳科学総合研究センターチームリーダー …… 89
東原 和成 東京大学大学院農学生命科学研究科教授 …… 99
柳田 素子 京都大学大学院医学研究科教授 …… 113

第二部（環境・エネルギー）……125

沖　大幹　東京大学生産技術研究所教授……125
三枝　信子　国立環境研究所地球環境研究センター副センター長……137
高井　研　海洋研究開発機構ユニットリーダー……149
椿　範立　富山大学工学部教授……161
廣瀬　敬　東京工業大学地球生命研究所所長……173
渡邊　裕章　一般財団法人電力中央研究所上席研究員……183

第三部（電子情報通信）……195

五十嵐健夫　東京大学大学院情報理工学系研究科教授……195
伊藤　公平　慶応義塾大学理工学部物理情報工学科教授……205
岩田　覚　東京大学大学院情報理工学系研究科教授……215
河原林健一　国立情報学研究所情報学プリンシプル研究系教授……225
齊藤　英治　東北大学原子分子材料科学高等研究機構教授……235
松尾　豊　東京大学大学院工学系研究科准教授……243

第四部（ナノテクロノロジー・材料）……255
伊丹健一郎　名古屋大学ＷＰＩ・ＩＴｂＭ拠点長・教授……255
大越　慎一　東京大学大学院理学系研究科教授……265
染谷　隆夫　東京大学大学院工学系研究科教授……275
塚越　一仁　物質・材料研究機構ＭＡＮＡ主任研究者……287
湯浅　新治　産業技術総合研究所ナノスピントロニクス研究センター長……295
あとがき……305
著者紹介……307

序

インタビュー内容に入る前に、今回インタビューを実施するに至った経緯を簡単に紹介したいと思います。

インタビューの目的

一昔前までは、中国の科学技術レベルはそれ程ではなく、また研究開発に支出される経費も多くありませんでしたので、日本の科学技術関係者の目は米国や英国、ドイツ、フランスなど欧州主要国を向いており、それらの国との競争や協力が私たち科学技術関係者の中心課題でした。ところが二十一世紀に入り、中国の爆発的な経済発展にともない中国の科学技術レベルは急激に上昇しています。研究論文などの指標では、中国の方が日本より上位にあるといった評価結果も出ています。

このため、著者が属する科学技術振興機構（ＪＳＴ）研究開発戦略センター（ＣＲＤＳ）では、科学技術の主要国となりつつある中国との競争と協力をどのように進めるかという点から、中国の科学技術情勢を継続的に調査分析しています。この業務に資するためＣＲＤＳでは、中国の政府機関である中国科学技術部（ＭＯＳＴ）科学技術信息研究所（ＩＳＴＩＣ）の間で了解覚書を結び、情報交換やワークショップの開催などの協力を行っています。

今回ＩＳＴＩＣと共同で、それぞれの国のトップレベル研究者にインタビューし、その結果を日中で対比することにより、それぞれの国における科学技術上の特徴や課題を抽出したいと考えました。

対象者の選定方法

どのような研究者をインタビュー対象者として選定するかについて、私たちＣＲＤＳとＩＳＴＩＣで話し合った結果、両国それぞれが次のような基準でトップレベルの研究者をリストアップし、それを持ち寄り両者で確認することにしました。具体的には、

・すでに、トップレベルの研究実績を挙げている研究者を選定する。
・自ら研究を実施している現役研究者を選定し、いわゆる大御所の研究者を避ける意味で若手中堅の研究者とし、年齢の上限をインタビュー実施時点で五〇歳未満とする。
・大学、国立研究機関、民間の研究機関などから幅広く人選をし、特定の組織に偏らないようにする。
・専門分野についてもバランスを取り、特定の研究分野に偏らないようにする。
・女性研究者を含める。

日本側の対象研究者

前記のような基準に基づき、三〇名の研究者をリストアップしました。この際、特に問題と

なったのは、トップレベルの研究実績を挙げている研究者をどう選ぶかです。例えば、ノーベル賞受賞者や候補者と考えられる研究者を中心に選ぶという基準も考えられますが、日本は残念ながらそれ程多くなく、若手中堅という概念からも少し外れます。また、科学論文の引用度などの指標を使うことも考えましたが、客観的には見えるもののこれではあまりにも機械的過ぎると考え、これも避けることとしました。

色々考えた結果、私たちCRDSで行った選定方法は次の通りです。

・若手研究者の登竜門といわれる賞の中で、比較的権威の高い賞を受賞した研究者をリストアップする。具体的な賞としては、日本学術振興会賞、日本学士院学術奨励賞、日本IBM科学賞、文部科学大臣表彰など。
・JSTが研究資金の配分を実施している機関であるので、JSTの研究資金配分担当者にヒアリングを行って、彼らが推薦する優れた研究者をリストアップする。
・月刊誌「文芸春秋」の二〇一三年二月号の特集記事「総力取材　人材はここにいる　朝日、毎日、共同、東京…大手メディアと識者が選んだ一〇八人　政治、経済、科学、芸術…一〇年後の日本を担う逸材を探し出した」にある科学関連の人材リストを考慮する。
・上記三つの考え方によりリスト原案を作成し、研究分野、所属機関、性別などを考慮して、最終的に三〇名を選定する。

以上のような手法で選定された三〇名の概要は次の通りです。

・分野：ライフサイエンス分野一一名、環境・エネルギー分野七名、電子情報通信分野六名、ナノテクノロジー・材料分野六名。

・所属機関：国立大学一九名（内訳は東京大学一〇名、京都大学二名、東北大学二名、大阪大学一名、名古屋大学一名、東京医科歯科大学一名、東京工業大学一名、富山大学一名）、私立大学三名（内訳は慶應義塾大学二名、早稲田大学一名）、独立行政法人などの国立試験研究機関七名（内訳は国立情報学研究所一名、国立がん研究センター一名、理化学研究所一名、産業技術総合研究所一名、国立環境研究所一名、物質・材料研究機構一名、海洋研究開発機構一名）、民間研究機関（電力中央研究所）一名。

・男性二七名、女性三名。

・日本出身二九名、中国出身一名（ただし、日本に帰化）。

もちろん、選定した研究者以外にも素晴らしい研究者が大勢おられると思いますが、今回の選定についてはバランスを含め満足すべき結果と考えています。このリストを中国側に渡し、また中国側から二三名に上る研究者のリストを貰い、双方で合意しました。

インタビュー実施方法

当初は、日中双方の関係者が同席の下、インタビューを実施することを考えました。ところが、中国側の研究者にインタビューのアポイントメントを取ろうとしたところ日中間での政治的な緊張状況に鑑み日本人が同席するならばインタビューを受けたくないという意見が研究者側から出たとのことで、ＩＳＴＩＣから日中別々にインタビューを実施したいとの要請を受けました。私は、中国のトップクラスの研究者の生の声が聞けるめったにないチャンスと考えて楽しみにしていましたが、インタビューができないとなると元も子もありませんので、やむを得ず日本人研究者は日本のＣＲＤＳが、中国人研究者は中国のＩＳＴＩＣがそれぞれ分担して、別々にインタビューを行うことにしました。

日本側のインタビューは、ＣＲＤＳ海外動向ユニットの林と岡山が中心となり、二〇一三年の末から二〇一四年のはじめにかけて実施しました。

質問内容

日中双方の立会いの下でインタビューができないため、インタビューの際に研究者に問いかける内容を、予めＣＲＤＳとＩＳＴＩＣで相談して決めました。

具体的な内容は次の通りです。

●研究者を志した動機と研究テーマ

●日本の研究環境

・研究施設・研究設備・研究装置

・研究管理などの研究補助体制

・研究資金
・産学連携
・人材育成
・研究評価

●国際動向と日中協力
・ライバルの国や機関
・国際的な研究協力・人的交流
・中国の科学技術の状況
・日中科学技術協力

このようなインタビューであれば研究テーマについて詳しく聞くのが王道でしょうが、今回は、日中両国の科学技術システム上の現状と課題を把握し両国で比較分析するのが中心眼目でしたので、それぞれの研究内容には深入りしませんでした。また、日本の研究者にとって中国の研究はそれ程ファミリアではなく、実際に協力している研究者が少ないことは予想されていましたが、日中共同調査であることもあって、あえて日中協力についても聞くことにしました。

結果の分析

インタビューをすべて終えた時点で、テーマごとにインタビューした結果をカテゴライズし、それを分析した資料を作成して、二〇一四年八月に中国青海省西寧市で日中共同ワークショップを開催して議論しました。その会合の概要は、「JST／CRDS・中国科学技術信息研究所共催研究会～日中若手トップレベル研究者を取り巻く研究環境～報告書」として刊行されており、またCRDSのホームページから閲覧できます。

本書の構成

日中間でのワークショップが終了した段階で、インタビューを行った目的は達成できたのですが、「はじめに」でも述べたように現在輝いている一流研究者の応答が大変印象的であり、これを関係者と共有したいと考えて本書を作成しました。

本書の構成ですが、研究分野ごとに一まとめとし、インタビュー対象者の多い順に「ライフサイエンス（一〇名）」、「環境・エネルギー（六名）」、「電子情報通信（六名）」、「ナノテクノロジー・材料（五名）」、としました。そして、各分野内での順序は、インタビュー対象者の姓を五十音順にして並べました。インタビュー対象者は三〇名でしたが、そのうちの三名から本書籍への掲載を辞退したい旨の連絡があったため、全体で二七名分のインタビュー記録になっています。

略語、科学用語集

本書で共通的に用いられる科学技術関連機関、研究資金、科学論文などに係る略語等について、以下に解説を付しました。適宜参照いただきたいと思います。

①科学技術関連機関

・ＪＳＴ：文部科学省所管の独立行政法人「科学技術振興機構」の略称。
・ＣＲＤＳ：ＪＳＴに属する「研究開発戦略センター」の略称。
・ＪＳＰＳ：文部科学省所管の独立行政法人「日本学術振興会」の略称。
・ＮＥＤＯ：経済産業省所管の独立行政法人「新エネルギー・産業技術総合開発機構」の略称。
・ＮＳＦ：「全米科学財団」の略称。基礎科学を中心に大学や研究所に資金提供している。
・ＮＩＨ：米国保健福祉省公衆衛生局にある「国立衛生研究所」の略称。自ら三〇近くの研究所を有するとともに、他の大学や研究所への研究資金を支出している。
・ＤＯＥ：米国「エネルギー省」の略称。エネルギー関連の研究開発や資金提供をしている。
・中国科学院：中国国務院に属する研究機関で、百以上の研究所を傘下に持ち、約六万人の研究者を擁する。
・ＭＯＳＴ：中国国務院に属する行政機関である「科学技術部」の略称。

・ＩＳＴＩＣ：ＭＯＳＴに属する研究機関である「科学技術信息研究所」の略称。

・ＮＦＳＣ：中国国務院に属する「国家自然科学基金委員会」の略称。米国のＮＳＦをモデルに創設された中国の基礎科学振興機関。

②研究資金

・競争的研究資金：広く研究開発課題等を募り、科学的・技術的な観点から課題を採択し、研究者等に配分する研究開発資金。

・運営費交付金：国が独立行政法人や国立大学に対して負託した業務を運営するために交付されるもの。経常的な経費が中心である。

・間接経費：競争的な研究資金を獲得した研究機関又は研究者の所属する研究機関に対し、研究実施にともなう研究機関の管理等に必要な経費として、研究に直接的に必要な経費（直接経費）の一定比率で配分される経費。

・マッチングファンド：国立研究所・大学と民間企業が互いに協力して実施する研究開発を支援する研究資金。

・ＥＲＡＴＯ：ＪＳＴが実施する戦略的創造研究推進事業の一つで、研究総括が直接指揮研究を行うプロジェクト。

・ＣＲＥＳＴ：ＪＳＴが実施する戦略的創造研究推進事業の一つで、チーム型研究を行うプロジェクト。

・さきがけ：JSTが実施する戦略的創造研究推進事業の一つで、個人型研究プロジェクト。

・研究総括：JST戦略創造研究推進事業において、研究領域を熟知し参加者の選定とフォローアップを行う研究者。

・科学研究費補助金（科研費）：人文・社会科学から自然科学まですべての分野にわたり、基礎から応用までのあらゆる学術研究（研究者の自由な発想に基づく研究）を格段に発展させることを目的とする競争的研究資金。

・基盤S：科研費の一種で、一課題五千万円以上二億円程度。研究補助期間は五年間。

・若手研究：科研費の一種で、若手研究者（三九歳以下）が一人で行う研究への補助金。研究補助期間は二～四年間。

・WPI：平成一九年度に文部科学省が開始した「世界トップレベル研究拠点プログラム」の略称。科学技術の力で世界をリードし、優秀な人材が世界中から集まる開かれた研究拠点の創生を目指す。

・グローバルCOEプログラム：我が国の大学院を充実・強化し、国際的に卓越した教育研究拠点の形成を目的とする文部科学省の事業。

・最先端・次世代研究開発支援プログラム（NEXT）：平成二一年度補正予算により設けられた、将来、世界をリードすることが期待される潜在的可能性を持った研究者に対する研究支援を目的とするプログラム。

・厚生労働科学研究費補助金（厚労科研費）：保健、医療、福祉、労働分野の課題に対し、科学的根拠に基づいた行政政策を行うため厚生労働省が支出している競争的な研究資金。

③科学論文

・ジャーナル：研究者が科学論文を投稿し、それを査読による審査を経て掲載する科学論文誌（学会誌、雑誌）を指す。『ネイチャー』や『サイエンス』などが有名。

・インパクトファクター：自然科学五九〇〇誌、社会科学一七〇〇誌を対象として、その科学論文誌の影響度、引用された頻度を測る指標。トムソンロイターのデータベース『ウェヴ・オブ・サイエンス』を元に算出。

・サイテーション：科学論文の引用のことで、サイテーション数の多さでその論文の科学的な価値が測られる。

・レフリー：科学論文誌の論文を査読する科学者のことで、科学論文の内容について審査を行い、掲載（アクセプト）、修正後に掲載、再査読、掲載拒否（リジェクト）などを判定する。

・ラストオーサー：科学論文の著者リストの最後に来る研究者で、原則として当該研究の考案、実施について管轄し、リードする人がなる。大抵は研究室を主宰する教授がなる。

・コレスポンディングオーサー：研究の対外的な責任者で、科学論文を投稿し査読結果の連絡を受け共著者に知らせる役割を持つ。

・ファーストオーサー：科学論文の著者リストの最初に来る著者で、論文を書きその内容をすべて把握している研究者。共著の場合は貢献度順に並ぶのが通例。

④その他

・ポストドクター（ポスドク）：博士研究員のことで、博士号（ドクター）取得後に任期制の職に就いている研究者や、そのポスト自体を指す。

・知的財産権（知財）：無形のもの、特に思索による成果・業績を認め、その権益を保証するために与えられる財産権。知的所有権とも呼ばれ、著作権や特許が代表的。

・テニュア：優秀な研究者に与えられる終身身分保障制度であり、学問の自由を保障する意味が強調されていたが、昨今は経済的安定の側面も存在する。

・ピアレビュー：査読を指し、研究者仲間や同分野の専門家による評価や検証。

・ＰＩ：Principal Investigatorの略語で、研究室や研究グループを指導する立場にある人。

第一部

ライフサイエンス分野

病気のメカニズムを知りたい、治療を深いところで知りたいと思い、医学研究を志しました。

慶應義塾大学　**家田　真樹**

慶應義塾大学　医学部　特任講師

家田　真樹（いえだ　まさき）

一九七一年、東京都生まれ。九五年慶應義塾大学医学部卒、内科医勤務、九九年慶応義塾大学医学部助手、二〇〇五年同大学にて医学博士号取得、〇七年米国カリフォルニア大学サンフランシスコ校グラッドストーン研究所、一〇年慶應義塾大学医学部特別研究講師、JSTのCREST研究代表者、一一年同特任講師。

人の心臓を形作っている「線維芽細胞」に五種類の遺伝子を入れ、人工多能性幹細胞（iPS細胞）を経由せずに、心筋のように拍動する細胞を直接作ることに成功した。

受賞は、日本循環器学会Young Investigator's Award、日本学術振興会賞ほか。

●研究者を志した動機と研究テーマ

生体のメカニズムに興味を持ち基礎医学へ

父が慶應義塾大学医学部出身の開業医だったこともあり、小さい頃から良い医者になろうと考えて、父と同じ慶大の医学部に入学しました。医学部で様々な勉強をし始めると、生体の仕組みはどうなっているか、どうやってその維持がなされているかといったメカニズムにも興味を持つようになりました。医学部を出て病院で患者を診る臨床医として研修を体験しましたが、その時も生命の神秘に触れ病気のメカニズムを知りたい、患者の治療をもう少し深いところで知りたいという気持ちになり、研究を志すことにしました。

父の専門は整形外科だったのですが、全身を診て病気のメカニズムに深く係るのが内科ですので、私は内科の医者となりました。内科の中で、治療が劇的に効き多くの患者が亡くなっている心臓病を専門にしました。

米国グラッドストーン研究所で心臓の再生因子を発見

慶大で博士号を取得し、少し経ってから米国のカリフォルニア大学サンフランシスコ校のグラッドストーン研究所に留学しました。このグラッドストーン研究所はノーベル賞受賞学者が数人在籍する非常にレベルの高い研究所で、日本の山中伸弥京都大学教授も在籍したことがあります。米国に行く前は、病気のメカニズムや心臓の発生・発達・再生に興味を持って研究をしていました。これをベースとして米国のグラッドストーン研究所では、心臓の実際の再生につながるような因子を発見しました。日本の成果と米国での成果を合わせ論文にして発表したことが、研究者としての評価を確立することになりました。

●日本の研究環境

恵まれた研究環境にある米国の研究所

米国と比較して日本では、研究のための機器そのものは大差ない状況に来ているのですが、使い勝手という点で劣るのではないでしょうか。自分が在籍したグラッドストーン研究所には共用の機器センターがあり、そこは機器ごとにシステマティックに分化していて、例えば「電子顕微鏡のプロ」といったテクニシャンが張り付いていて機器使用に便宜を図ってくれます。日本の場合、一生懸命に頑張っていますが、各研究室がばらばらで使い勝手が良くありません。もちろん、親しい研究者間での融通もあるし、慶大医学部には中央機器室があり一部の機器の共有化もなされていますが、米国と比較するともう少しレベルアップする必要があると思います。

また事務職員も足りません。慶大医学部では、管理業務に従事する職員はほとんど病院管理に割かれており、研究に係る事務的な業務は競争的研究資金による任期付きの職員が中心です。そうすると競争的な資金などが獲得できて雇用が続けられている間は問題ありませんが、研究費が取れなくなるととたんに雇用できなくなります。また、知的財産（知財）管理は大学本部に慶大全体の部署があるのみで、医学部には専門の部署がありません。米国のグラッドストーン研究所では、知財管理も含めてすべて研究所自らが管理部門の事務職員を配置しており、雇用も安定していました。

研究資金の継続性が問題

私の研究資金ですが、現在は独立行政法人科学技術振興機構（ＪＳＴ）のＣＲＥＳＴが全体の六割から七割になっており、それ以外は科学技術研究費補助金（科研費）と民間団体からの寄付金です。

米国のファンディング・システムと違うところは、継続性があるかないかだと思います。ＮＩＨの資金を獲得して良い研究成果を出せば、そのプロジェクトが終了しても次のプロジェクトが問題なく認められ、それが優れた研究へのモチベーションとなっています。日本の場合には、良い成果を出しても直ちに次のファンディングにつながりません。ファンディングに隙間ができると、ポスドクや事務職員の人件費や実験動物の維持費などが確保できず、折角構築した研究キャパシティを保つことができなくなります。

日本の科研費で優れているのは、額は小さいものの若手向けの枠がしっかり確保されていて、研究室のボスの顔色を伺うことなく研究資金を得ることができることです。米国では若手向きというくくりが無く、どうしてもボスに乗っかる、あるいはボスの下でやることになってしまうのが難点です。

産学連携についていえば、医学部ですので臨床応用や新薬開発を進める必要があります。一方で、臨床応用などに大きな影響を与える新しい基礎的な発見も相次いでいます。その意味で、産学連携と基礎重視のバランスが重要だと思っています。

一流の研究者となるためには外国経験が重要

現在日本も装置・設備は良いし、研究費も大きく、さらに良い先生もいます。しかし、それでも一流の研究者になるためには、一度は外国の研究室での経験が重要だと思います。英語でディスカッションしたり、プレゼンテーションしたりするという経験を積むことができるし、ディスカッション自体が大変インプレッシブです。自分の経験では、米国での経験により、気持ちが非常にオープンになったと思っています。また、日本で専門分野の研究論文を読んでいれば最先端の世界に触れていると思うのは間違いで、論文の情報は二年程度前の情報であり、世界のトップレベルでは現在何が問題で何が議論されているかというのは、実際に世界一流の研究者と会って話をしないと分かりません。

臨床と基礎を両立させる

医学研究は、基礎だけ研究していれば良いというものではありません。臨床技術の進歩も激しく、人工心臓などの工学的な知見も必要となります。臨床医として患者を診ていると、このような臨床技術の新しい情報も得ることができます。

現在の医学制度では、基礎研究を志向する学生にも全員臨床研修をさせています。そうすると、患者を治療するというある意味での臨床の面白さに目覚め、基礎研究をしようとする人が減っている傾向にあると感じています。また、臨床医であれば経済的に恵まれた生涯を過ごすことができますが、研究者を志すと教授等の安定なポストにつけるという見通しがなかなか立ちません。慶大は基礎研究でも伝統のある大学だと思いますが、それでも全体の一割程度しか基礎に行かないのではないでしょうか。基礎講座に良い学生が来なくなっていると、担当の教授が嘆いています。

ちなみに、慶大ではテニュアのポストは公募であり、全国から優秀な研究者が応募してくるため、慶大出身者の比率は低く、基礎講座では七割から八割が外部の出身者となっています。インパクトファクターや定量的な指標をある程度考慮し、その上で人柄などを参考に採用を決定します。

●国際動向と日中協力

米国がトップを走り、日本とドイツが追いかける

心臓の研究では米国がトップで、日本とドイツがその後を追っています。米国は裾野が広く、自分が行っていたグラッドストーン研究所やテキサス大学のサウスウェスタン・メディカルセンターなどが中心ですが、ミネアポリス大学などそれ程有名ではない大学にも優れた研究者がいます。ドイツは、ハイデルベルグ大学やミュンヘン大学が優れています。

日本では、東大、京大、東京医科歯科大学などですが、最近気になる傾向として、臨床研究に少しずつシフトしていて基礎研究が落ちて来ていることが挙げられます。基礎研究に興味を持つ医学者が減っているのです。日本の経済全体が停滞しているため基礎研究にはあまり研究費が出ず、応用研究や臨床研究への資金が厚くなっているのではと考えています。もう一つの要因として、すでに述べたように厚労省の臨床研修必修化といった政策も影響していると考えています。

中国の論文数は増加しているがデータの信用性が今一つ

中国は、米国には当然ですが、日本やドイツの水準にも達していません。しかし、中国研究者の論文数が多くなってきているので、うかうかしてはおれないと日本の研究者の仲間内で話しています。ただ、国際学会誌のレフリーとしての経験でいうと、データの信用性が今ひとつであるという印象を持っています。

中国では、臨床応用が比較的実施しやすい環境にあると聞いています。現在、自分の研究はまだ臨床応用まで行っていませんが、将来臨床応用を試行する場合、日本より中国の方がいいケースもあるかもしれません。その場合には、是非協力を推進したいと考えています。

（二〇一四年二月六日　午後、慶應義塾大学にて）

得意のコンピュータ・プログラムにより、東大薬学部で存在感を発揮できました。

東京大学　**池谷　裕二**

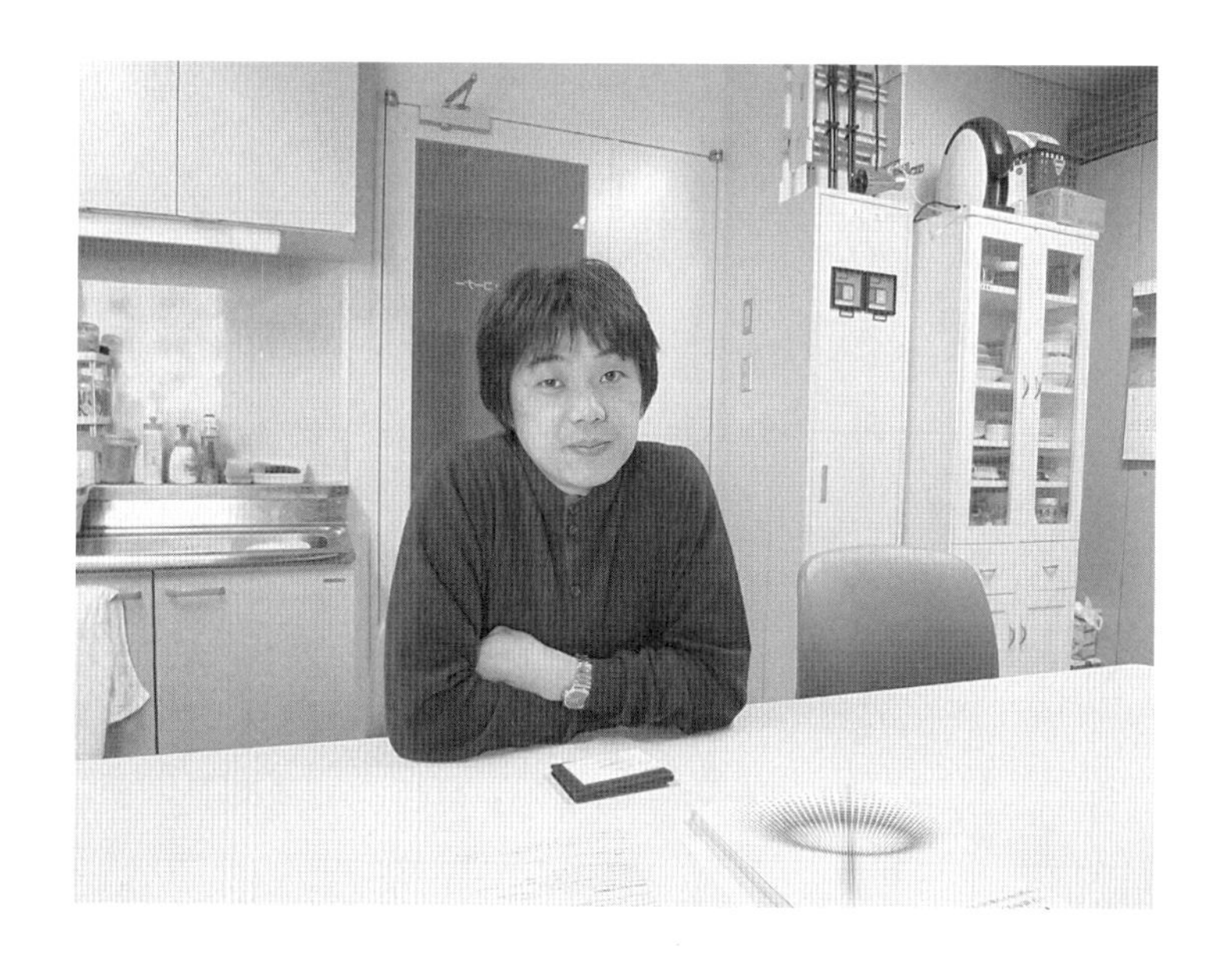

東京大学　大学院薬学系研究科　教授
池谷　裕二（いけがや　ゆうじ）

一九七〇年、静岡県生まれ。九八年東京大学大学院薬学系研究科卒、薬学博士号取得、同大学大学院薬学系研究科助手、二〇〇二年コロンビア大学生物科学講座客員研究員、〇六年東京大学大学院薬学系研究科講師、〇七年同准教授、一四年同教授。

専門分野は、神経科学・薬理学で、「脳の可塑性の探求」が研究テーマである。脳回路の可塑性はいつどこでどのように起こるかについて、定性的な探求、ロジックの探求、メカニズムの探求、生物学的機能の探求を行い、得られた知見を社会に有意義に還元することを目標としている。

受賞は、日本神経科学学会奨励賞、日本薬学会奨励賞、文部科学大臣表彰若手科学者賞、日本学術振興会賞、日本学士院学術奨励賞ほか。

●研究者を志した動機と研究テーマ

得意のプログラミングにより薬学部で存在感

私は強固に研究者になりたいと思っていたわけではありません。恥ずかしい話ですが、消去法でした。「研究者は格好いいな」とは何となく思っていました。でも実際のところはモラトリアムというか、あんまり就職したくないと思って研究室に残っていたら、最終的に博士課程まで行くことになり、さらに偶然から大学に残ったというのが正直なところです。脳研究も、そもそも興味があったというよりも、やってみたら面白くて本格的に研究に取り組むこととなりました。

理科系の学問はもともと好きでした。国語はそれ程でもなかったのですが数学などは得意で、東京大学の理科一類に入学しました。教養学部から本郷に進学する際、理学部か工学部に進学することも考えたのですが、魔がさしたとでもいうのでしょうか、薬学部を選びました。でも薬学部に進学してみると、ここに自分のニッチがあることに気が付きました。というのは、薬学部の先輩や同級生は、生物学は得意でも数式や電子回路等に苦手意識を持っている人も少なくなく、そういう人はコンピュータのプログラミングも不得手です。私はプログラミングが得意だったので、独自性が出せると思いました。現在、私の研究室の学生はほとんどプログラミングができますが、これは薬学部の中では珍しく、うまく存在感を発揮できています。

大学に残り助手になったのも偶然でした。私が博士課程三年のときに研究室の教授が交代しました。新しい担当教授から、助手のポストが空くので研究室に残らないかと声をかけられました。大学院の学生時代にコンスタントに成果を挙げていたことが、声をかけられた要因かもしれません。大学院生の五年間に十三編の筆頭著者（ファーストオーサー）論文を書き、薬学部歴代で一番でした。

さきがけに参加して独り立ち

東大の助手をしていた時、『ニューロン』という雑誌に米国コロンビア大学の先生が神経活動を目で見るという手法を開発したことが載っていました。それで、直ぐにコロンビア大学に留学しました。この実験装置は、従来は電極で計測してきた電気生理学を視覚的に撮影できる顕微鏡です。

コロンビア大学の実験装置で原理を習得した後、帰国しました。この時に出会ったのが、JSTのさきがけの研究総括をしていた中西重忠先生（京都大学名誉教授、現大阪バイオサイエンス研究所長）でした。米国にある装置を超えたいと思っていた時期であり、自由度の高いまとまった資金が必要でした。中西先生は、駆け出しの自分の研究室までわざわざ訪ねてこられて、自分の担当の教授の前で「さきがけは池谷君につけるものだから、池谷君に自由に研究をやって貰い、論文もラストオーサーとして書いて貰うようにしていただきたい」と研究資金の趣旨を説明してくださったことで、スムーズに独立したプロジェクトを走らせることができました。さきがけの研究費を元手に作製したのが高速かつ高精細の顕微鏡です。米国のシステムでは一秒間に一〇フレームくらいしか撮れない遅いものでした。心臓の動きは大丈夫なのですが、神経の動きはミリ秒単位なので、一コマ一〇〇〇分の一秒で撮らなければなりません。私の研究室の顕微鏡では、一コマ二〇〇〇分の一秒で撮ることに成功しました。

このように、一般的な生物学と違う手法で研究しているため、他の生物学の先生からは「あなたは生物というものを、まるで機械のように見ますね」といわれることがありますが、「池谷君のやっていることはよく分からんが、価値のあることをやっているのだろう」と認めていただくこともあります。

●日本の研究環境

NEXT終了にともない研究費切れに

自分の研究資金ですが、科研費の若手研究Aで三回、JSTのさきがけで二回、さらに最先端・次世代研究開発支援プログラム（NEXT）を獲得でき、かなり恵まれていたと思っています。

ただ、ＮＥＸＴによる資金が二〇一三年四月で終了し、今は研究費がなくて困っている状況です。昨年末には研究室の学生に、「年が明けたらすべての実験を中止してください」と宣言しました。マウスの飼育費も出せないので、全部処分します。研究員は学生ばかりで、ポスドク等を雇っていないため問題ありません。私のところのような基礎的な研究室には、製薬会社等の資金は通常来ないのですが、今回は非常に苦しいので、卒業生等に百万円、二百万円といった支援をお願いしています。また厚労科研費についても、病気など薬に直接結びつく分野でないと獲得が難しく、我々は基礎研究なので応募しても通りません。

ただ、これについては全国的にみな同じ状況だと思うので、私だけ嘆いてもしょうがなくて、ここでどうサバイバルするかが腕の見せどころだと思っています。研究資金が途中で切れるのは、米国でも同じです。米国では研究を仕切るボスが、精力の三分の一程度を費やして、研究費の提案作りをしています。それに比べると、日本では提案書類は比較的簡素であり、一カ月くらい従事すれば十分にできるため、その分研究に専念できるのが良いと思います。

理想はプロのテクニシャン常駐の共用施設

研究環境では、スペースの狭さが最大の問題で、大型装置を置く場所がないのがネックです。装置の共用については、周りの先生との関係が良く、割とフランクに「うちの装置使っていいよ」と貸し借りをしています。他の大学を見ますと、京都大学の医学部などは共用設備の建物があって、専任のテクニシャンがいたりします。そうすると、質のいいデータが出ます。このようなシステムがもっと全国的に発展することを期待しています。

装置で一言付け加えると、日本は町工場が優秀で魅力的です。私の研究の場合は市販品を使って何か装置を作るというよりは、小さな町工場に行ってこういう測定装置を作りたいとお願いすることが多いのですが、日本ではかゆいところに手が届く丁寧さで作ってもらえます。

ポスドク問題の扱いは慎重に

自分の研究室の卒業生は日本で研究してほしいと思っていますが、その一方で外国の研究システムはよく見てほしいとも考えています。日本のことだけしか知らないと、井の中の蛙になってしまいます。滞在期間は一年間では短く、二年以上いてから帰って来るのが理想的と考えています。昔は在外経験で箔をつけるという意味があったと思いますが、私は自分の内面教育、内面成長という意味で海外に行くことを薦めています。私の研究室では海外に行きたい人が多く、国際共同研究も活発に行っています。私自身も論文を読んでこれは面白いと思ったら、学会会場で相手の研究者をすぐに捕まえ、データの議論をして共同研究を持ちかけています。そこでプロジェクトに共感してもらえたら、データを取って貰う協力へと発展させています。互いに別の手法で実験をして、それで出た結果をディスカッションするスタイルを取っています。

　ポスドク問題は、もちろん大きな問題です。私たち団塊ジュニアの世代はそもそも人数が多く、すべて企業が引き受けられないとなると、大学や研究所でポスドクとして雇用される必要性があったと推察しています。現在、周りを見ていると、団塊の世代が辞めはじめているので、ポスドクの滞留は世代交代のタイミングが遅れているのが理由だとも思えます。ポスドク問題を強くいい過ぎると、今の世代（＝人数が少ない世代）の優秀な人たちが安全を取って企業に行ってしまい、アカデミックセクターが危機的な状況に陥ってしまうと危惧しています。

テーマが悪くて研究成果が出なくても努力次第で評価

　日本の評価制度は残念ながら事後評価が中心で、結局、レベルの高いジャーナルに研究成果が載ったかどうかで評価される傾向があります。良い成果を挙げた人に研究費を付けるのは、審査手続きとしては楽ですが、時には一発屋ということもあります。たまたま良い研究指導者のところにいて、良いテーマをもらって、あまり苦労せずにレベルの高いジャーナルに論文が掲載され、大きな研究費を獲得できたのですが、その後は成果が挙がらないという場合です。これまでの成果だけで人を評価することの悪しき面だと思っています。

　まだ全く実績のない人に将来性をにらんで研究費を出すことは、危険を伴いますが、やはり重要です。私は、自分の研究室の研究員を見て、本当はできるけどたまたまテーマが悪い人について、高く評価するようにしています。ただし、これは研究室にいて内部から見ているので分かるわけで、外部だったらどうして池谷は全然成果を挙げてない人を登用するのだといわれることもあり、この点に難しさを感じます。事前に評価するシステムが、私も含めて日本人は弱いなと思います。十分に実績のない人に研究費を付けて、やっぱりだめだったとなると研究費を付けた方の責任となるわけで、この責任を背負わなければならないシステムはまだ成熟の余地があると思います。目利きによる人材登用の仕組みが必要だと思います。

なお、これまで述べてきたことと若干矛盾するようですが、もちろん成果をキチンと評価することも重要です。これまでは成果主義が過ぎたので、成果だけで評価してはいけないという意見が出始めています。現在、このような考えが浸透してきつつあり、研究者の論文を書くモチベーションを下げているのではないかと感じています。

●国際動向と日中協力

学際的な協力が少ない日本

自分の研究分野で、ライバルと考え競争している研究者のいる国は米国が中心で、ドイツ、英国（ロンドン大学、ケンブリッジ大学等）、スイス等も進んでいます。

私が留学していた米国のコロンビア大学などと比較すると、今のところは日本の研究者も互角に競争していますが、長期的には難しいと感じています。その理由として挙げられるのが、学際的な協力システムの違いです。米国の大学は、生物系以外を含めた広い分野から一つの研究室に人が集まっていますが、日本では生物系のバックグラウンドの人がほとんどです。すると研究内容の捉え方が狭くなり、結果として考え方もワンパターンになってしまいます。日本のような研究の仕方でもそれなりの成果は出ると思いますが、大きなブレイクスルーを起こすような研究では米国に負けてしまいます。

中国の人材パワーに魅力

私は、中国の研究者数の多さというのが、大きなパワーだと見ています。単なる人数の多さだけでなく、ライバルの多さが大きなモチベーションを生んでいます。日本だと周りを見たときに比較的ライバルが多くないので、危機感をそれ程感じません。また、中国のトップレベルの研究者の勢いと才能を見ると、ちょっと勝てないかなと圧倒されることもあります。野心的なリーダーの下で大勢のライバルと一緒に切磋琢磨し、絶対に自分は成功するのだというチャイナドリームを夢見て研究に取り組んでいる中国の研究者の強さをひしひしと感じています。その成果でしょうか、近年の中国のトップ研究者の質はうなぎ上りです。日本の研究者はそういうところが少なく、やり方を変えていかないと将来中国には勝てないとも思っています。

その中国との研究協力ですが、問題もあります。ごく一部の研究者だと思いますが、研究協力したものを論文として出すときに勝手に二重投稿するとか、協力の貢献があまりない場合でもコレスポンディングオーサーにしろとかファーストオーサーにしろといったことを主張する人もいます。このようにアカデミックな点でモラルの低い人が少なからずいる点が、中国との積極的な協力を躊躇させています。この辺がクリアされることを望んでいます。

（二〇一四年二月三日　午前、東京大学にて）

国立がん研究センターのレジデント制度が、研究者への道を開いてくれました。

東北大学病院　井上　彰

東北大学病院　臨床研究推進センター　特任准教授

井上　彰（いのうえ　あきら）

一九七一年、秋田県生まれ。九五年秋田大学医学部卒、九七年東北大学加齢医学研究所呼吸器腫瘍研究分野入局、九八年国立がん研究センター中央病院内科レジデント、二〇〇一年医薬品医療機器審査センター審査官、〇二年東北大学病院呼吸器内科医員、〇三年同助教、〇九年 Gandarra Palliative Care Unit（豪州、Ballarat）留学（〜一〇年）、一一年東北大学病院臨床研究推進センター特任准教授。

肺がん治療で初めての分子標的薬として注目されたゲフィチニブ（商品名は「イレッサ」）によって、重篤な副作用を生じた臨床例を最初に報告した。その後、遺伝子変異の有無を事前に確認することで同剤の効果を高める個別化治療の有用性を、臨床試験により証明した。受賞は、日本肺癌学会篠井・河井賞、日本呼吸器学会奨励賞、日本学術振興会賞ほか。

●研究者を志した動機と研究テーマ

レジデント制度で国立がん研究センターへ

小さい頃体が弱くぜんそく持ちで、よくお医者さんにかかりました。家族や親戚に医者はいないのですが、そのような経験もあって医者になりたいと思い、すんなり地元の秋田大学医学部へ入学しました。そのままであれば、大学を卒業し研修を経て地元の秋田で開業医をしているというコースでしたが、学生時代はずっと自宅から通学していたこともあって一度は親元を離れて生活すべきだろうと思いたち、仙台で初期研修を受けることにしました。その研修先で指導を受けた呼吸器内科の先生がとても尊敬できる方で、その先生の勧めで東北大学加齢医学研究所の呼吸器内科へ入局しました。

東北大学にいるときに、たまたま東京の国立がん研究センター（がんセンター）に出向する機会を得ました。三年間色々ながん患者を診て一人前のがん専門医に育てるレジデント制度での研修を、当時の教授から勧められたのです。

がんセンターでは、上司から指示された薬を漫然と使うということと、科学的な根拠に従って正しく使うということの違いの大きさを実感しました。まさに目からうろこが落ちる体験でした。最近では私のいる東北大学病院もかなり進歩していますが、当時は当病院を含めて日本の多くの病院では標準療法が浸透していませんでした。

　また、がんセンターでは単に臨床医として患者を診させるだけではなく、臨床研究にも精通して治療の発展に貢献できる専門医を育てるという方針があり、自分も一流の先生方や先輩レジデントからの厳しい指導に揉まれながら、臨床研究の面白さに目覚めていきました。がんセンターでの研修の後には、医薬品医療機器審査センター（現在の医薬品医療機器総合機構）で勤務する機会もいただき、短い期間ながら治験の審査業務に携わることができたのも後々大きな財産となりました。

抗がん剤イレッサと出会う

　東京から東北大学に戻り肺がん患者の診察を始めた頃に、肺がんで「夢の新薬」と期待されていたイレッサの副作用（薬剤性肺炎）が社会問題化しており、東北大学病院でも数名の患者が副作用で死亡されました。私は、患者の副作用に関する状況を丁寧に調べ、論文にまとめて発表しました。この論文はイレッサの薬剤性肺炎に関する世界で初めての報告となり、高く評価されました。がんセンターで学んだ「臨床での気付きを研究につなげる」というやり方が、実を結んだ結果だと思っています。

　その副作用の報告の翌年に、イレッサの効き方が肺がん細胞における遺伝子の突然変異に関与しているという発見が海外から報告されました。重い副作用は念頭に置きつつも効果の高い遺伝子突然変異を持つ肺がん患者に対象を絞れば、イレッサの有用性は高まるのではないかと思い、臨床研究に取り組みました。結果的にこれが成功し、現在の肺がん患者に対して確立された国際標準プロトコール【注1】になっています。

●日本の研究環境

臨床研究を支えるスタッフが決定的に不足

日本のがん研究を考える場合、がんセンターと大学の違いを実感します。がんセンターは国の支援もあって、医療機器や設備は米国の臨床研究の現場に近いレベルであり、臨床研究医を支えるリサーチコーディネーター、統計の専門家、データマネージャーなどの様々なスタッフも充実しています。しかし、現在自分の属している東北大学は設備はそれなりですが、支えるスタッフが決定的に足りません。臨床研究中核病院や文科省の橋渡し研究などの政策で、基礎研究の強さを臨床に橋渡しするというトランスレーショナル研究では改善の兆しが見られますが、そこから先の数百例、数千例の患者を対象とする臨床試験への資金的なサポートが全く足りないと思います。

また、大学病院で臨床医をしながら研究している場合には、医師の数が不足がちなため、どうしても患者を診ることが中心になります。臨床医は非常に多忙で、夜中でもたたき起こされる場合もあります。このような中で、臨床研究を志し論文を書こうとしても意欲だけでは体がついていきません。米国では、臨床研究の進捗管理は自らが行うけれども、個々の患者の治療管理やデータ収集はリサーチコーディネーター（ＣＲＣ）、データ管理はデータマネージャー、論文の下準備はメディカルライターなど、各種サポートが非常に充実している印象です。臨床研究では、このようなサポートを日本でも考えるべきでしょう。

大学の臨床研究に研究費が回らない

正直いって、自分を含めて大学で臨床研究を行っている研究者は研究費がほとんど獲得できず、皆苦労しています。厚生労働省など国から出ている臨床研究の資金は、がんであればがんセンターなど既存の専門施設に偏って支出されていると思います。一方、大学では基礎研究重視の伝統が強く、臨床研究には研究費が回って来ません。また製薬業界から見ると、日本の大学の臨床研究は基礎に近く、大きな資金を支出しての共同研究や委託研究ではなく、金額の小さい数十万円単位の寄付金や助成金が中心です。

現在計画されている日本版ＮＩＨ構想（ＡＭＥＤ）も心配です。関係されている先生方は各方面での大御所でしょうが、現在の研究現場や臨床現場を十分にご存じない方ではないかと危惧しています。患者数の多い治験レベルの研究に多額の研究資金を出すことも重要ですが、比較的小規模な患者を対象にこつこつと臨床研究をやっている優秀な研究者もおり、この人たちが取り残される危険があると感じています。

私の研究のイレッサの場合、すでに市販されていた薬剤であり、その副作用の研究や、患者の遺伝子解析の結果を踏まえて、イレッサを効果的に使用する治療法の試験を行ったのですが、市販されている薬剤ということで国からの研究資金が全く出ませんでした。しかし、市販されている薬剤をどのように使用したら患者に効果的かというプロトコールの開発も臨床現場では重要であり、これこそ産学連携の重要な部分です。したがって、このようなプロトコールの開発も資金的にサポートするべきだと思っています。

臨床研究を志す人が少ない

日本では大学の医学部を出た後、臨床医になる人や基礎研究を志す人は確保されていますが、臨床研究を志す人が多くありません。大学の教官が臨床研究に重きをおいておらず、研修システムも臨床医を作ることに注力しているように見えます。私は、がんセンターのレジデントを経験し臨床研究の重要性と面白さに目覚めましたが、自分の意思で臨床研究を目指すというきっかけがあまりにも少ないと思います。

最近、スイスのノバルティス社のディオバンという高血圧治療薬の臨床試験をめぐって不正事件が発生しましたが、教授レベルの先生方が臨床研究を理解し慎重に対応していれば、あのような事件は防げたと思っています。

臨床研究の場合、臨床医として働くとともに研究をして論文を書かなければならないことから、普通の基礎研究とは違った物差しで評価を行う必要があることにも留意する必要があります。

●国際動向と日中協力

臨床研究で圧倒的な米国と、それを追うドイツ、フランス

臨床研究では、米国が圧倒的です。米国は研究者がいくつかのグループに属し、グループ間でもネットワークが作られ、それをＮＩＨがサポートして、数千人規模の臨床研究がどんどん行われています。一人一人の個別の研究能力は、米国と他の国でそれほど違うとも思えませんが、システマティックに臨床研究がなされている結果、実際にすばらしい成果が出ています。

欧州は米国には敵わないものの、ドイツやフランスが頑張っています。英国は医療費削減という国の方策のため、基礎研究は強いが臨床研究には熱心ではありません。私が留学した豪州は英国と同じで、がんの臨床研究に力を入れて患者を治すというより、緩和ケア[注2]の研究の方が盛んでした。

日本では、個々の研究者の能力や患者に対するケアなどの姿勢は米国に引けを取らないと思っていますが、それは個人的な頑張りであって社会全体で支えられているわけではありませ

ん。臨床研究を支えるスタッフが十分でないし、研究資金も恵まれていません。これでは、圧倒的なスタッフと資金を元に組織的に研究をしていく米国に敵わないと思っています。

臨床研究での日中協力はデリケート

研究会などに呼ばれて上海などを訪問したことはありますが、詳しく中国の臨床研究を見ていません。臨床研究の立場からすると、患者数が圧倒的に多いことが中国の強みだと思います。

臨床研究を日中間で協力するというのは、なかなかデリケートな問題があると思います。臨床試験を実施するとなると、多くの患者のデータのやり取り、治療法の統一化、製薬企業の資金の扱いなどで、どちらの国がイニシアティブを取るかが重要です。日本がイニシアティブを取ると中国は下働きに過ぎなくなるし、逆も同様です。また、両国間では医薬品の承認状況や医療保険制度なども大きく異なり、同じ条件下での評価が前提の臨床試験には多くの困難がともないます。したがって、自分の知る限りの先生方は、臨床分野における日中共同研究にあまり乗り気ではありません。

（二〇一四年一月二〇日　午前、東北大学にて）

【注1】あらかじめ定められている規定や、手順、計画に従った治療。

【注2】苦痛をやわらげることを目的に行われる医療的ケア。ホスピスケア。

ERATOプロジェクトに参加し、異分野の人との交流で、研究が豊かになりました。

東京大学　上田　泰己

東京大学　大学院医学系研究科　教授
上田　泰己（うえだ　ひろき）

一九七五年、福岡県生まれ。二〇〇四年東京大学大学院医学系研究科博士課程修了、医学博士号取得、〇三年理化学研究所発生再生科学総合研究センター・システムバイオロジー研究チームチームリーダー、〇四年同センター・機能ゲノミクスサブユニット・ユニットリーダー（兼任）、〇九年同センター・システムバイオロジー研究プロジェクト・プロジェクトリーダー、一三年東京大学大学院教授（兼務）。

専門分野は、システム生物学・合成生物学で、概日時計などをテーマに生命の時間・空間・情報の解明に取り組む。

受賞は、日本イノベーター大賞優秀賞、文部科学大臣表彰若手科学者賞、日本ＩＢＭ科学賞、日本学術振興会賞など。

●研究者を志した動機と研究テーマ

人間への興味から医学部へ

私は元々自分の内面に興味があり、人とは何か？自分とは何か？ということを小学校時代から考えていて、物理学などの手法で人間の内面を対象として研究したいと思っていました。福岡県の久留米大学附設高校の生徒のとき、緒方道彦校長の紹介により東京大学（東大）の医学部を見学させていただいたことで、自分の進むべき方向が決まりました。緒方道彦校長は政治家の緒方竹虎自由党総裁の甥にあたる方で、九州大学医学部を卒業した後、第一次南極観測隊に医師として同行し昭和基地建設を側面支援しています。その後母校の九州大学に戻り、医学部の教授を務めた方です。

このような縁で東大に入学しましたが、医学部に進学してからも研究を中心に考えて臨床医となることは考えませんでした。そもそも「研究」という言葉を意識する前に、研究をやっていたという感じですかね。学部生の時に、ソニーの北野宏明先生がリーダーのＥＲＡＴＯプロジェクトに参画させていただきました。学部生が研究に従事するのは議論のあるところかもしれませんが、北野先生を訪ねてお願いしたところ、熱心さを買っていただき、研究室に出入りすることが許されました。学部生時代の研究活動の経験が、現在の研究に非常に役に立っています。例えば、北野先生にニューヨークへ一緒に連れて行ってもらった時にはアカデミー賞音楽賞を取った坂本龍一さんとお会いできたり、ノーベル賞受賞者のシドニー・ブレナー博士が北野先生を訪ねて来られた際に議論に参加させていただいたりして、興奮したのを覚えています。北野ＥＲＡＴＯでは、私が所属していたシステムバイオロジーのグループの近くで、違うグループがサッカーをするロボットを作っていました。異質なものが濃密に出会う場が、新しい発想を生み出すのに重要であり、研究をより豊かなものにするということを学びました。

生物の概日時計や睡眠・覚醒リズムの研究へ

現在は概日時計や睡眠・覚醒リズムなど生物の時間の問題を研究しています。小さい頃より人の内面に興味がありましたが、なかなか取り掛かりがないと感じていました。そこで、人の内面などの難問にとりかかる前に、よりシンプルで、しかし自明ではない問題にとりかかるとよいのではないかと考え始めました。高校の時から物理・化学が好きだったのですが、物理では時間・空間が重要な課題として相当に研究が進んでいるのに対して、生物にとっての時間・空間とは何だろうと大学の学部生のときに考え始めたのが、細胞における時計の研究を始めたきっかけです。

その後研究を進め、主に細胞を用いた概日時計の研究ですこしだけ成果が上がり始めました。この研究成果を踏まえ、現在は、システム生物学[注3]の手法等を用いて睡眠・覚醒リズムなど個体での時間の研究を進めています。

●日本の研究環境

比較的恵まれていた研究資金

偉大な先輩方のサポートのおかげで、これまで研究資金には恵まれてきました。東大大学院四年生の時に、竹市雅俊先生がセンター長をされていた理化学研究所（理研）発生・再生科学総合研究センター（ＣＤＢ）のチームリーダーとなり、年間数千万円の研究費をいただき、一〇〇～一五〇坪の広い研究スペースを与えていただきました。理研ＣＤＢのチームリーダーになる際の審査や更新の審査は大変厳しいものでしたが、結果として手厚いサポートを受けることが出来ました。理研でも大学院生をリーダーとすることは稀でしたが、当時山之内製薬の研究員の肩書きを持っていたので、理研ＣＤＢのほうでは、その肩書きで手続きを行っていただいたと聞いています。

大学院を卒業し理研ＣＤＢのチームリーダーになったのち、数年後に、同研究所でプロジェクトリーダーにしていただきました。その後、新しく柳田敏雄先生の下で立ち上がった生命システム研究センター（ＱＢｉＣ）でグループディレクターを兼務させていただきました。柳田先生は大阪大学工学部出身で、蛍光顕微鏡、レーザートラップ顕微鏡等を用いた一分子計測の先駆者です。ここでも研究資金には困りませんでした。

現在は、東大医学部を本務としていますが、研究室の運営費として科研費の基盤Ｓをいただき、永井良三先生の領域のＣＲＥＳＴの責任者をさせていただいているため、研究費は大変恵まれていると思います。研究者としての早い段階で長い間理研にお世話になりましたが、研究所という大きな組織の中で若い研究者が独立した形で研究資金等が得られるという点で、研究者にとって理化学研究所というアンブレラは大変貴重だと思います。

一方で、日本の研究資金配分の課題の一つは、継続性だと思います。米国の場合、ハワード・ヒューズ財団が代表的ですが、ローリング型のファンディングが珍しくありません。具体的には、五年経ったところで評価を受けますが、良い成果を挙げていると10年、15年と研究費の提供が続いていきます。ライフサイエンスでは、マウス等の実験動物の維持やテクニシャンの雇用確保という点で、継続が極めて重要です。研究者の自由な発想を支援する研究費と違い、トップダウンで進めるプロジェクトの場合には、新規のものを思い切って認めていく努力と継続性を担保することをどうトレードオフするか大事な点だと思います。

日本の研究資金配分のもう一つの課題は、間接経費の使途の問題です。競争的な資金を獲得した研究費の中からかなり部分が間接経費として大学に入ります。この仕組み自体は大変良いものだと思います。しかしながら、その使途については、必ずしもうまくいっているとはいいがたいのが現状です。たとえば、直接経費では支払うことが難しい研究環境等の整備等に間接経費は使われるべきだと思いますが、現状では間接経費の使途について、現場からのフィードバックを吸い上げる仕組みが欠けています。間接経費の使途に関して現場の研究者の希望を反映させるオフィシャルな仕組みづくりが急がれます。

交流スペースが異分野融合を育む

米国などの例を見ると、研究所や大学の建物に交流スペースが充実していて、異分野の研究者が集まって雑談をしたり議論をしたりすることができ、結果として異分野融合が起きています。日本の場合は、贅沢に作ってはいけないということで平米当たりの建築単価が硬直的であり、スペースに余裕がありません。日本の大学などでは、そのような出会いの場を無駄と考える傾向がありますが、異分野融合の場と考えるべきと思います。建物の構造を変えて、異分野の研究者が集まりやすくすることも重要ではないでしょうか。

滞在型の共同研究の仕組み

研究人材の育成ですが、大学院やポスドクで海外に出かけて優秀な人材と切磋琢磨することも重要と思いますが、日本もかなり研究環境が整ってきています。したがって、単純に外国に行けばいいとは思いませんが、やはり外国には良い例があります。例えば、米国のサンタバーバラにある物理の研究所で、自分は以前一カ月から二カ月程度のワークショップに参加したことがありますが、そこでのディスカッションなどは大変参考になります。また、オフィスも提供され、共著論文も書ける仕組みを整えています。日本に足りないのはこのような自由な交流の場であり、滞在型の共同研究の仕組みをもう少し作るべきだと思います。

東大ですら赴任時の給与交渉がない

理研の場合、人事評価はセンター長が権限をもっており、赴任時に給与交渉の余地があります。東大に赴任する時に、給与の交渉を含めた条件の交渉が全くないのに非常に驚きました。どのように給与が決まっているかを東大の人事にお聞きしたところ、博士号を取得した後の経過時間で自動的に決まるそうです。すなわち、どのような経験をしていようが時間数しかカウントされないわけですね。雇用が安定しているのは長所ですが、一方で、海外から優秀な方を集めるには、このシステムでは難しいと思います。

●国際動向と日中協力

米国は横断的な協力が得意

他の研究でも同じでしょうが、研究のレベルは特定の組織で考えるより実力のある研究者がいるかどうかで決まります。体内時計の研究では、全般的に日本、米国、欧州が高いレベルにあります。米国では、テキサス大学サウスウエスタン医学センターやハーバード大学が強いと思います。ショウジョウバエや哺乳類の時計遺伝子を見つけたのも米国の研究者です。ヨーロッパでは、スイス、ドイツ、英国にもレベルが高い研究者がいます。日本では、東大以外であれば、名大、京大、北大などの研究者のレベルが高いと思います。特に、名古屋大学の近藤孝男先生の時計の再構成の仕事は、極めて優れた研究だと思います。中国の研究者も頑張っていますが、応用寄りの研究が多く基礎研究が弱く、また韓国もまだ層が薄いと思います。

日本は、生命科学以外の分野においても高い研究レベルにある人たちが密集しているにもかかわらず、生命科学ではその長所を生かし切れていません。日本にもヨーロッパにもシーズになる素晴らしい研究はありますが、これをうまく育てるのが得意なのは米国です。もう少し横断的に協力し合うような仕組みを日本でも考えるべきですね。日本は物理や化学の伝統があり強いので、これをライスサイエンスの尖った研究とつなげると良い成果が出ると思います。また日本は、研究者だけでなく役所も含め国際的な枠組みつくりが下手で損をしています。この能力を高める必要があるでしょう。

中国との協力を本格的に開始する時期に来ている

中国は、研究者数や予算規模が大きいのですが、応用寄りが強すぎると思います。深圳にあるバイオ情報の民間企業であるＢＧＩを見学した際、バイオインフォマティックス[注4]研究に高校生を参加させていて面白いと感じましたが、ＢＧＩは新しい装置の開発に全く興味がないと聞き、それであれば恐れることはないと思いました。中国は、既知のものをより大きく発展させることはできるが、ゼロのものを一にすることがまだできていません。この能力がポイントで、日本は長い間かけてこれを獲得してきたのだと思います。

そのように見ている中国ですが、私は中国との協力を本格的に開始する時期に来ていると思っています。政治的には厳しいものがありますが、経済や科学はこれとは別に協力できるのではないでしょうか。現在を逃すと、中国は欧米との関係が中心となり、日中協力が困難になることを恐れます。

（二〇一三年一〇月一一日　午後、東京大学にて）

【注３】生物学の幅広い研究領域を統合し、生命をより全体的に理解しようとする学問、システムバイオロジーともいう。

【注４】生物学の分野の一つで、遺伝子やタンパク質の構造といった生命が持っている情報を分析することで生命を研究する分野。生物情報学。

恩師に叱責され破門と思ったら、海外出張の同行を命ぜられ激励されて、研究者としての道が開けました。

大阪大学　**熊ノ郷　淳**

大阪大学　大学院医学系研究科　教授
熊ノ郷　淳（くまのごう　あつし）

一九六六年、大阪府生まれ。九一年大阪大学医学部卒業、同大学付属病院、大阪逓信病院（現ＮＴＴ西日本病院）で内科臨床研修、九七年大阪大学にて医学博士号取得、九七年同大学微生物病研究所研究員、二〇〇三年同助教授、〇六年同教授、〇七年大阪大学免疫学フロンティア研究センター教授、一一年同大学大学院医学系研究科教授。

免疫応答に必須の副刺激分子として知られるセマフォリンを同定し、セマフォリンの免疫系における役割を見出した。さらに、セマフォリンと相同性を有するタンパク質群を同定し、「免疫セマフォリン分子群」という概念を提唱した。

受賞は、日本学術振興会賞、日本免疫学会賞、大阪科学賞、文部科学大臣表彰科学技術賞、持田記念学術賞ほか。

●研究者を志した動機と研究テーマ

破門されたと思ったら、海外出張に同行を命ぜられる

父親が数学者であったこともあり、子供の時には大人になったら数学者になりたいと思っていました。ところがその父が脳腫瘍になり長い闘病生活を経て、私が高校一年生の時に大阪大学（阪大）病院で亡くなりました。父が息をひきとった場所でもある阪大病院で働くことを目指して、大阪大学の医学部に入学しました。医学部に入学してから、阪大のユニークな教育システムや世界的研究者を数多く抱える免疫学という分野のおかげで、利根川進博士、本庶佑博士、谷口維紹博士、岸本忠三博士など、世界の生命科学を引っ張る超一流の先生方の講義を数多く聴く機会を得ました。こういった一流の研究者からはオーラが出ていて、研究に憧れるようになりました。

大阪逓信病院（現ＮＴＴ西日本病院）で臨床研修を受けた後、一度は研究を経験したいと思い、大学院に進学して岸本忠三博士（元阪大総長）の研究室に入りました。しかし、大学院では博士号は取得できたのですが、思うような良い成果が出ず不完全燃焼でした。そこでもう少し研究を続けたいと思っていたところ、その時期に阪大微生物病研究所の教授に赴任されることが決まった菊谷仁先生（前微生物病研究所所長）から、「もし研究を続けたい想いがあるならサポートするよ」と声をかけていただきました。卒業間際になって、研究室のボスである岸本先生に呼び出しを受けました。大学院時代実績が上がらなかった私が身分の不安定な基礎の研究所に移ることを心配されたのでしょう、随分厳しく叱責されました。恩師から破門されたと思いガッカリしていたところ、二週間ほど経って岸本先生から電話で「米国のデンバーに行くから同行しろ」といわれ、同行しました。デンバーの空港からホテルへ向かう車の中で、「君は微生物病研究所に行くそうだが、それならばしっかり頑張れ」と今度は強く激励されました。破門と思っていたのに、海外出張の同行を命ぜられ激励されて、これで自分は研究者として生きていく道が開けたと思っています。

「免疫セマフォリン」の発見

微生物病研究所では、菊谷先生のご厚意ですぐに助手になることができました。ヒトの病気に関わる研究がしたいと思い、ある免疫不全症の疾患関連分子を探す中で「セマフォリン」の遺伝子を見つけました。セマフォリンは、元々理学部の先生方が研究している神経発生に係る分子であり、どうして免疫不全症の病気に関連するのだろうと不思議に思って解析を始めたのが、現在の研究テーマとの出会いです。この物質の免疫活性や機能を担う受容体を同定し、機能解析のため欠損マウスも作製しました。するとセマフォリン欠損マウスは、神経系では何ら異常がないにも関わらず、免疫機能の異常を有していました。これにより、免疫系で必須の役割を果たすセマフォリン分子の存在を初めて確認することができました。

最初に見つけたものに固執せず、他にもあるのではないかと丁寧にスクリーニングをしたところ、免疫活性を有するセマフォリンが芋づる式にいくつも見つかり、これがファミリーをなしていることが判りました。これらのセマフォリン分子の進化系統樹を作ってみると、無脊椎動物のセマフォリンに近いものや脊椎動物にしか存在しない比較的新しいものなど多様な分子が存在することもわかりました。さらに免疫系での機能を丹念に調べていくと、あるものは自然免疫にかかわるものであったり、あるものは獲得免疫にかかわるものであったりと、免疫系で機能する一群の分子群の存在が明らかとなり、私はこれらを「免疫セマフォリン」と呼ぶこととしました。これが自分の研究を大きく広げています。

●日本の研究環境

ライフの研究は実験動物でお金がかかる

自分の研究費は、これまで比較的恵まれてきたと思います。これまでに科研費、厚生労働省（厚労省）の医薬基盤研究所[注5]の競争資金、ＪＳＴのＣＲＥＳＴなどを貰っています。製薬会社からの寄付金もありますが、少額であり研究室の秘書の人件費が中心です。

日本のファンディング・システムは、比較的公平に採択されていると感じています。ただ、全体金額が少ないことからでしょうが、倍率が高すぎると思います。また、地方との格差が徐々に広がっており、地方の大学が疲弊しつつあるのではと心配しています。阪大でも、しょっちゅう東京と行き来しないと取り残されるのではとの危惧を持つことがあります。

ファンディングの際に、もう少し分野特有の事情を念頭において、分野間での差を大きくすべきではないでしょうか。例えば、自分が属する医学や生物学研究の場合、実験動物が必要であり、これを維持しようとすると、年間一千万円程度の資金が必要となります。若手の研究者がボスから独立しようとしても、一千万円というハードルが高く、結果的に独立できません。

科研費などは繰越もできるようになり、使い勝手は随分よくなっています。ただ、厚労科研費には課題があります。年末近くになって漸く研究費が大学に払い込まれ、使うのに苦労するという例をよく聞きます。

劇的に効く免疫抑制剤

自分たちの研究は免疫の基礎研究ですが、臨床応用にも結びついており、製薬会社と強い協力関係にあります。代表例を挙げると、岸本先生が製薬メーカーと共同で開発したリウマチ治療薬は、世界中で一千億円規模の売り上げのブロックバスター[注6]となっています。

自分は基礎研究だけでなく週一度病棟を回診しています。病床で関節炎の痛みに耐えかね泣いている患者のおばあちゃんがいて、リュウマチ進行抑制剤を注射しその一週間後に診察に行くと、病床から立って輝くような笑顔で「先生歩けるようになりました」とおばあちゃんにいわれた時には、本当に感動しました。

共用に適さない装置がある

現在所属している免疫フロンティアはＷＰＩであり、施設や設備などの研究環境が大変充実しています。施設設備が共用であり、テクニシャンがキチンと手当てされていて、料金を払うと自由に使えます。医学部などでも、これほど共用は進んでいないと思います。

共用になじまない装置もあることに留意しなければなりません。例えば、二光子や共焦点顕微鏡のような装置の場合、装置を買った研究室で、研究目的に合わせて設定をセットします。そうすると、外部から来て勝手に使われると、セットしてあった設定が変わり、次の実験ができなくなってしまいます。このような場合は、共用ではなく研究室ごとでいいと思います。

問題は、一研究室で手が出ないような高額な装置をどうするかです。科研費だけの場合には大抵金額が小さく、なかなか手当てできません。また、装置を手当てしてもテクニシャンや維持にまたお金がかかり、この手当ても大変です。この辺をもう少し考えるべきでしょう。

医学基礎研究者確保の試み

人材育成でいうと、現在の医学部教育に危機感を持っています。医学部は非常に入試が難しく、偏差値が高くないと入学できません。ところが、大学に入ってしまうと医師国家試験合格のための勉強が中心で、医学部が職業専門学校に近くなっています。さらに最近、専門医制度が導入されたため、従来であれば六年で済むところが、さらに五年臨床経験を積む必要が出てきました。このため、昔からそれほど多くの人が医学基礎研究に来ていたわけではないのに、その数がさらに減少していると思います。このままで行くと、日本の基礎医学が滅びるのではと心配しています。そこで、私たちの教室では少し卒業後のキャリアデザイン・システムに工夫して、ある程度自由に基礎研究（学内の他の研究室も含めて）も、臨床研究も、あるいは両者を行き来するようなトランスレーショナルな研究も自由にできるようにしたところ、この三年半で全国から一〇〇人を超える若い研修医が私たちのネットワークに入局してくれました。

●国際動向と日中協力

ほぼ同時期に日米英の蛋白構造論文が掲載

免疫研究は、山村雄一博士や岸本先生、さらには審良静男博士などの成果で阪大が強く、さらに最近、京大で活躍されていた坂口志文博士が阪大に移って来られました。その他東大、京大、千葉大、理研などが続いていて、日本は世界トップレベルです。世界的に見ても論文の世界ランキングは、阪大、イェール大学、京大、ジョンズホプキンス大学、ハーバード大学の順であり、さらに坂口志文教授が阪大に来られたので、阪大がますます強くなっています。

競争相手は米国や英国の研究者です。この関係で一つのエピソードを紹介すると、ＪＳＴのターゲット蛋白プロジェクトで良い成果が出たので、高木淳一阪大蛋白質研究所教授と共同で、ライフサイエンス関係の一流学術誌である『セル』に論文を投稿しました。そうしたところ、掲載できないという結論とともに「私たちはこの仕事の重要さは理解しているが、オープンにできない理由で返却するので、早く他の雑誌に投稿すべきである」というコメントが来ました。これは他の研究者が同様の研究を『セル』に投稿しているなと直感して、今度は『ネイチャー』に投稿しました。それが無事に通り、『セル』と同時期に『ネイチャー』に我々の論文が掲載されました。さらに驚くことに、我々の論文を掲載した『ネイチャー』の同じ号に、全く別の研究グループがやはり同じ構造解析の論文を発表していました。その時の研究者が、スタンフォード大学とオックスフォード大学の所属でした。我々と米国、英国の研究者が、如何にしのぎを削って先陣争いをしているかの証拠だと思います。

このように、免疫の分野では阪大は世界トップレベルにあることもあり、中国、韓国、ヨーロッパの大学や研究所と人材交流やシンポジウムなどを通じての協力を進めています。中国では中国医学科学院や蘇州大学が、韓国では浦項工科大学校（ＰＯＳＴＥＣＨ）が、それぞれ協力相手です。

全体が高度に専門化され、ますます研究が細分化

日本に限らず、現在の科学技術の状況を見ていると、研究分野に限らず高度に専門化され過ぎて、研究テーマ（場合によっては研究者）も細分化され過ぎていると感じます。明治維新や第二次大戦直後の時には、西郷隆盛や坂本龍馬、松下幸之助や本田宗一郎などが活躍しました。免疫分野も同じで、山村先生、利根川先生、岸本先生、本庶先生など他の分野の研究者でも名前を知っている大スターが出ました。iPSの山中先生は別格ですが、これからも当面は、このような専門化・細分化が益々進んで行くのかもしれません。

中国の研究はダイナミックであるが、裾野が狭い

中国はダイナミックに動いていて、研究が活発化していると実感しています。ただ、研究でも流行のところに皆集中しており、研究コミュニティ全体を考えると裾野が狭いと思います。流行のところでキラキラしているものを研究しないと、評価されないというシステムだと聞いています。

免疫分野でも中国人の研究者が多く、日中での協力関係は重要と考えていますが、現在日中間の政治情勢が良くないため、ついこの間までメールでやり取りしていた人でも突然連絡が取れなくなったりするという話を聞いています。協力を本格化するには、もう少し落ち着いた雰囲気になる必要があると思います。

（二〇一三年一二月九日　午後、大阪大学にて）

【注5】医薬品、医療機器等の開発に資する共通的な研究開発の振興を業務とする厚生労働所所管の独立行政法人。

【注6】医薬品産業において、従来の治療体系を覆す薬効を持ち圧倒的な売上高と大きな利益を生み出す新薬。

米国カリフォルニア大学でのショウジョウバエ研究が、バイオロジー全体への関心を拡げてくれました。

国立がん研究センター　柴田　龍弘

国立がん研究センター　がんゲノミクス研究分野長
柴田　龍弘（しばた　たつひろ）

一九六五年、北海道生まれ。九〇年東京大学医学部医学科卒、九二年国立がん研究センター研究所病理部リサーチレジデント、九五年米国カリフォルニア大学アーバイン校ポスドク研究員、二〇〇三年国立がん研究センター研究所病理部実験病理室長、〇五年同センター研究所構造解析プロジェクトリーダー、一〇年同センター研究所がんゲノミクス研究分野長、一四年東京大学医科学研究所ヒトゲノム解析センター教授（兼務）。

国立がん研究センターにおいて、がんゲノムを解読する国際共同プロジェクト「国際がんゲノムコンソーシアム（ＩＣＧＣ）」のリーダーを務め、二〇一一年四月には肝臓がんの全ゲノムを世界に先駆け公表した。

受賞は、日本癌学会奨励賞、田宮記念賞、JCA-Mauvernay賞ほか。

●研究者を志した動機と研究テーマ

廣橋前総長のもとでリサーチレジデントを経験

父親が外科医であったこともあり、外科医志望で東京大学医学部に進学しました。ところが、医学部に進学してから周りにいた医学部の仲間に基礎医学志望が多く、彼らの影響もあって医学部六年の時に基礎医学講座の研究室を全部回ってお話を聞きました。その時にお話を伺った中で、病理学教室の研究内容が非常に面白いと感じ、そちらに進みました。ちなみに、医学部同期百名の内、十名ほどが基礎医学の道に進んでおり、教授もすでに何名かいます。その意味で、ちょっと変わった学年でした。

東大病理の研究室で解剖や病理診断を勉強していたところ、医学部卒業後二年間研究者としてサポートしてくれる「リサーチレジデント」という制度が国立がん研究センターにあるので行ったらどうか、と担当の教授が勧めてくれました。無事に国立がん研究センターで採用され、配属された病理部の部長が同センターの廣橋説雄前総長で、カリスマ性があり優れた研究者である廣橋先生の下で研究のイロハから学ばせていただきました。

ショウジョウバエ研究で興味がバイオロジー全体へ

国立がん研究センターのリサーチレジデントでの研究を終えて東大に戻り、今度は東大に籍をおいたままカリフォルニア大学アーバイン校のポスドクに採用されて渡米しました。折角なのでこれまで日本で研究していたヒトの病気に係る分野と違ったことをしてみたいと考え、アーバイン校では発生生物学センター（Developmental Biology Center）に籍をおき、ショウジョウバエを使った遺伝学や発生学の研究をしました。米国でショウジョウバエの研究をしたことにより、興味が遺伝学やバイオロジー全体に広がったと思っています。横道に逸れていてあまり関係ないと思う分野であっても、少し研究することで後々それが強みになることもあるかもしれません。

ICGCに国立がん研究センターを代表して参加

カリフォルニア大学アーバイン校から戻り、リサーチレジデントを経験した国立がん研究センター研究所に研究員として就職し、その後ゲノム構造解析プロジェクトのプロジェクトリーダーとして独立し、肝臓がんのゲノム研究をすることとなりました。この時期、ＤＮＡを解読する技術が急激に発展し、米国・欧州・日本等の国際協力でヒトゲノム解読研究が行われるようになりました。私が米国から戻った二〇〇三年には、日米欧などの主要国の国際プロジェクトであるヒトゲノム計画が終了し、ＤＮＡ解読結果の完成版が公開されています。

ヒトゲノム計画を支えたシークエンス解読技術の進歩を踏まえ、がん遺伝子に着目して病気の解明と治療に迫ろうと、二〇〇八年に国際がんゲノムコンソーシアム（ＩＣＧＣ）が発足しました。ＩＣＧＣは、五〇種類のがんについて包括的なゲノム解読データベースを作製・公開することを目的としており、現在一六の国と地域が参加して七四のプロジェクトが進んでいます。米国はＮＩＨが中心となって貢献し、欧州諸国もドイツ、英国、フランス、イタリア、スペインなどが参加しています。アジアでは日本のほか中国・韓国・シンガポールが積極的に参加しており、中国はヘンリー・ヤン率いるＢＧＩや北京大学などのチームが活躍し、韓国はソウル大学やサムスン病院が貢献しています。

日本からは、国立がん研究センターと理化学研究所が中心となって参加し、肝細胞がんのゲノム解読で国際貢献をしています。ＩＣＧＣに参加して、できるだけ早く正確ながんゲノム情報を世界に先駆けて出したいと思うと同時に、世界でトップレベルの研究者と交流できたことは、自分にとって大変有意義だったと感じています。

●日本の研究環境

機器等の専門スタッフのキャリアパスが問題

米国での経験を踏まえて考えても、国内の研究現場にある機器や装置は、米国や欧州の主要国と比較して遜色ないと思います。大学等では機器や装置の共同利用に難点があるとの話も聞きますが、自分の属している国立がん研究センターではＤＮＡシーケンサーなどの大型機器（＝コアファシリティ）を中心に共通管理が進められています。

ただ日本全体では、専門スタッフの確保とキャリアパスが問題と思っています。留学先であったカリフォルニア大学では、共通機器や装置を稼働する専門スタッフのキャリアパスがしっかりしており、優れた人材を確保できると感じました。日本では、このような専門スタッフのポストがどんどん減っており、任期付ポストでの採用により穴を埋めているため優れた人材を確保するのに苦労している状況です。

他ではやっていない分野で勝負

国立がん研究センターは、臨床研究に関する研究資金は取りやすいのですが、基礎研究に関連する研究費はやや取りづらいという気がしています。現在、日本版ＮＩＨ構想（ＡＭＥＤ）において、ライフサイエンスと臨床研究の資金配分の再検討が行われていると承知していますので、是非戦略的な制度設計をお願いしたいと思います。研究資金の量では米国と真っ向勝負をしてもかなり苦戦すると思いますので、例えば日本は欧米であまり研究されていないけれど重要と思われる部分で勝ちに行く、といった考え方も必要だと考えています。

研究と臨床の連携

国内の大学などの研究現場と比較すると、国立がん研究センターの場合は多くの製薬会社と包括的アライアンスを構築するなど、臨床開発に向けた共同研究や情報交換が進んでいると思います。基礎研究を担当している研究者側のシーズと、製薬会社側で持っているパイプライン（薬剤）をお互いに確認しあい、その上で効率的な研究と臨床開発を進めています。米国は人事交流も含め企業と一体となった開発がさらに進んでおり、例えばボストンにおけるハーバード大学医学部、ダナ・ファーバー癌研究所、製薬会社の三者による連携がその好例です。圧倒的な基礎研究の厚みがハーバードにあり、ダナ・ファーバーには製薬会社と行ったり来たりしている人が多くいて、彼らは基礎・臨床研究の知識や経験も豊富で、そういった人たちがトランスレーショナル研究のコーディネーションをしています。日本もこういった方向を目指す必要があると思います。

米国や欧州に対抗するためには、我々の強みであるアジア人に多い疾患研究で勝負する必要があると考えています。特に、胃がん、肝臓がん、胆管がんなどがそうで、これらの疾患については中国・韓国・シンガポールの研究者、病院などともっと連携を進めるべきであると考えています。

国際競争を肌で感じる

私が国立がん研究センターで経験したリサーチレジデントは、大変良い制度だと思います。

卒業後、医師のほとんどが臨床医となるので、どうしても基礎と臨床に距離ができます。この制度は、将来臨床医となる人であっても二年間自由に研究をして、その後また臨床に戻ることができるという利点があります。

外国での研究経験は、研究者育成にとって重要ではないかと考えています。研究資金が豊富といわれる米国でも研究費獲得競争は熾烈であり、優秀な研究者が切磋琢磨しているところを肌で感じることが重要です。また、本当のトップレベルの研究は論文だけ見ていても全体像がつかめません。競争相手と機会があれば情報交換や共同研究を行い、彼らが現在何を考え、何を研究しているかを把握していくことも、自分の研究を進める上で重要だと思います。その意味で、留学やポスドク修行も大事ですが、国際学会や国際的なコンソーシアムに参加して一流の研究者とディスカッションする場を持つことは有意義だと思っています。

近年、国立がん研究センターでは大幅な変革があり、全職員の任期制に踏み切りました。論文数や学会でのアクティビティ、研究費獲得状況などを基礎データとして、各研究者が現在進めている研究の現状と今後の方向性についてプレゼンテーションをし、それらを定期的に評価しています。しかし短い期間で評価すると、論文数など目に見えるものだけで測ってしまい短絡的になる恐れがあるので、長い目で見て研究成果が上がるように、柔軟にシステムを運用していくのが大事であると思っています。

●国際動向と日中協力

日本の研究者は丁寧だが臆病

日本の研究レベルは世界的に見ても水準が高く、丁寧で良い論文が多いと思います。しかし、米国や欧州の研究者と比較すると、スピードでやや劣るのではないでしょうか。日本の研究者と比べて欧米の研究者は新規性や独創性があれば少し荒削りでもどんどん出してくる印象があります。日本人の国民性がそうさせているのかもしれませんが、新しい分野にリスクを恐れず挑戦していくというところでも少し臆病です。日本でベンチャーが育たないのもこの辺に原因があるかもしれません。

がんゲノムの研究での競争相手は、圧倒的に米国です。続いて英国・ドイツであり、近年は中国が存在感を増しています。ゲノム研究は研究費や研究インフラのボリュームが重要な側面であるので、人材と研究費を投資すると、それがダイレクトに研究成果に反映します。中国以外のアジアの国としては、韓国、シンガポールが目立っています。今後は、中国、韓国も含めアジアでの研究のネットワークが重要と思っています。

（二〇一三年一〇月一一日　午前、国立がん研究センターにて）

配属となった地方の病院で新調したMRIを使って実験し、臨床をしながらデータをまとめて博士号を取得しました。

京都大学　**高橋　英彦**

京都大学　大学院医学研究科　准教授
高橋　英彦（たかはし　ひでひこ）

一九七一年、滋賀県生まれ。九七年東京医科歯科大学医学部医学科卒、二〇〇五年同大学にて医学博士号取得、〇六年放射線医学総合研究所分子イメージング研究センター主任研究員、〇八年JSTさきがけ研究者、一〇年京都大学大学院医学研究科脳病態生理学（精神医学）講師、一一年同准教授。

精神科の医師としての臨床経験を踏まえ、意思決定の脳内メカニズムをfMRIやPETと呼ばれる脳イメージングの手法によって明らかにした。また、精神神経疾患に認められる意思決定障害の新たな薬物療法の可能性も提示している。

受賞は、文部科学大臣表彰若手科学者賞、日本神経科学会奨励賞、日本学術振興会賞ほか。

●研究者を志した動機と研究テーマ

臨床医として勤務しつつ博士号を取得

医者になろうと思って医学部に入りましたが、もともと生物学は好きでした。医学部に入ってからは人間をシステムとして理解したいと思うようになり、神経系・循環系・免疫系といった「系」とつくようなシステムを通して人間を理解していきたいと考えました。その流れで、脳に興味を持つようになりました。

私が医学部を卒業した当時は、現在と違って臨床研修は必修ではありませんでした。私が研究に興味を持っていることを知っている先生から、大学院に入り研究したらという誘いもありましたが、自分で患者を診てそこから研究の課題を決めたいとの思いが強かったため、まずは臨床の道を選びました。どの診療科とするかについては、脳に興味があったこともあり、脳外科や神経内科なども考えました。最終的には、精神科はいろいろ分かってないことも多いし研究することが一杯ありそうだと思い、千葉県内にある病院で精神科の医師になりました。

幸いなことに、配属となった病院にアルバイトで来ていた日本医科大学精神科教授の大久保善郎先生や放射線医学総合研究所（放医研）の須原哲也先生が、その病院で新調したＭＲＩ[注7]を少し改造して研究用にも使えるようにしてくれました。そこで、田舎の病院でありながら、大学病院と比較しても遜色ないようなＭＲＩで研究ができるようになりました。教えてくれる人はいませんでしたが、あちこちで聞きながら臨床の合間や夜中に実験しました。この実験データをまとめることで、大学院に行くことなく論文博士を取得できました。

博士論文に注目してくれたのが先ほどの放医研の須原先生で、自分がプログラムリーダーをしている分子イメージング研究センター分子神経イメージング研究プログラムに来ないかとお誘いを受け、放医研にお世話になることにしました。

さきがけと Caltech 留学がターニングポイント

放医研在籍中に、大きなターニングポイントがありました。一つはＪＳＴのさきがけに採択されたことで、もう一つは米国のカリフォルニア工科大学（Caltech）に留学する機会を得たことです。さきがけの総括やアドバイザーは一流の研究者ですし、さきがけに参加している研究仲間もその分野で新進気鋭の人たちです。一流の人たちと触れ合って刺激を受けることで、自分も頑張ろうと思うとともに、視野を広く持つようになりました。

また Caltech に留学をして、非常に学際的な環境に触れることができました。脳科学研究なので、生物学は当然のこととして、コンピュータサイエンス、工学、人文社会科学、経済学、哲学等幅広い人材がおり、学生も多様なプロフェッサーから指導される体制がありました。このような研究体制を目の当たりにし、これでは日本で狭い視野の研究だけをしていても勝ち目がないなと実感して帰国しました。

その後、放医研を離れて京都大学に行きました。放医研は研究環境としては素晴らしいものがあり、また強く慰留もされました。しかし私の研究は基礎と臨床を両方にらんでおり、放医研には私が臨床を行う精神科がありませんでした。このため、思い切って京都大学に移ったわけです。

●日本の研究環境

トップダウンとボトムアップのバランスが重要

私の研究費に係る主な資金源は、初期は科研費であり、その後ＪＳＴのさきがけが中心でした。特にさきがけの資金は、すでに述べたように第二の学位をいただいたようなもので、資金面でもシャープな仲間と議論を行う機会を持ったという面でも貴重な財産となりました。他には厚生労働科学研究費補助金をいただいたことがあります。産学連携による民間からの研究費はほとんどありません。ただ現在検討中の案件があり、今後は強化していきたいと思っています。

ＪＳＴの研究費のようなトップダウンの資金と科研費のようなボトムアップの資金とのバランスが良いのが、日本のファンディング・システムの良い面だと思います。ただ、研究資金が年度をまたがって使用できないことが問題だと思います。基金化により改善されてはいるものの、もっと流動的に使えるようにしていただければと思います。

装置の共用化は進んでいるが、テクニシャンの確保が問題

日本の研究環境ですが、私の専門のイメージングに関する施設・設備は、放医研でも京大でも米国など海外と比較して遜色ありません。現在いる京大は、装置施設の共同利用が進んでおり、ＭＲＩなどは全学にオープンに使えるようにしています。ただ装置を維持管理する要員（テクニシャン）の確保が問題となります。放医研のような研究所であれば、テクニシャンを雇用する費用が計上されていましたが、大学の場合はそれがなく自分で獲得した研究費からテクニシャンを雇っています。従ってテクニシャンの身分が不安定です。

インターデシプレナリーな研究システム

日本の人材育成システムに欠けているのは、インターデシプレナリーな研究システムだと思います。日本では、ある研究室に入ってそこの上司のみの指導を受ける体制が主流ですが、それでは研究の幅が広がりません。先に述べたCaltechのようなシステムが必要です。最終的な研究成果はヒトに係るものとして、ある研究室ではサルで実験をしており別の研究室ではローデント（げっ歯類）で実験をしている、この二つの研究室が別々に存在するのではなく一つの

フロアにあって一緒に議論する、そして実験と議論、ヒトと動物を行ったり来たりさせて研究を高めていく、こういったシステムが必要ではないかと思います。

研究成果をどのように評価するかですが、大きな研究成果を出すためには、実験や研究を一生懸命にやっても直ちには論文や特許が出ない時期もあり、その場合悪い評価となる可能性があります。そうなると、確実に成果が期待されることをコツコツやってポイントを稼いでいこうとなりがちで、それでは大きな成果は期待できません。どういう構想を持って、どういうフィロソフィーで、どういうリスクを取って研究をしようとしているのか、といった点をしっかり評価すべきであると私は考えています。

人材育成の観点で一言付言しますと、私の学生時代には臨床研修が必修でなかったので、早い段階から専門の臨床に入ることができました。ところが今は精神科の専門医制度が導入され、若い人は専門医の資格を取るための勉強に追われてしまい、研究に触れる機会がどんどん遅くなっているという問題があると思います。

●国際動向と日中協力

医師が忙しすぎる

私の研究分野であるヒトを対象とした意思決定に関するイメージング研究の世界の状況です

が、米国のCaltechが強いと思います。また、英国のUniversity College Londonも強く、機器そのものはたいしたことはないのですが、学際研究の環境が整っており優秀な人が良いアイディアを持ち寄って議論する風土がすばらしく、日本国内にはこのような機関はなかなかありません。

日本のライフサイエンス研究では分子生物学などの基礎研究は強いのですが、臨床研究が弱いため日本発の薬・医療機器などが出てこない状況です。ジャーナルでいうと、『セル』、『ネイチャー』、『サイエンス』には論文がそれなりに投稿されますが、『ランセット』や『ニューイングランドジャーナルオブメディスン』などの臨床研究寄りの論文は日本からはあまり投稿されません。その理由の一つは、医師が忙しすぎて研究にまで手がまわらないということが挙げられますが、その他にも様々な要因があると考えられ、これらをキチンと解決しなければと思います。

アジア人のイメージングデータを日中協力で

中国もイメージング研究にかなり力を入れてきています。学会や雑誌の『エディショナル・ボード』でも中国の研究者が貢献するようになってきていますので、今後伸びてくると思います。

今イメージング研究の分野では、従来型の少ないサンプルで丁寧に研究するという手法のものと併せ、大きな研究資金をもとにたくさんの人の脳のイメージングデータを集める方法で欧米勢が研究に取り組んでいます。日本も、それに追随しようとしていますが、研究者の層や研究資金などの問題があり、あまり進んでいません。また、病気の違いや人種の違いがあるので、欧米のデータをそのまま使うことができません。このような意味で、やはりアジアのデータを出していく必要があり、中国と連携していけたらと思っています。

（二〇一三年一二月一三日　午後、京都大学にて）

【注7】核磁気共鳴を用いて生体内の内部情報を画像にする装置。

ノーベル化学賞の受賞者である福井謙一先生に憧れ、京都大学工学部へ進学しました。

理化学研究所　田中　元雅

理化学研究所　脳科学総合研究センター　チームリーダー
田中　元雅（たなか　もとまさ）

一九七一年、京都府生まれ。九四年京都大学工学部卒、九九年同大学にて工学博士号取得、理化学研究所脳科学総合研究センター基礎科学特別研究員、二〇〇二年カリフォルニア大学サンフランシスコ校ポスドク研究員、〇五年科学技術振興機構さきがけ研究員、〇六年理化学研究所脳科学総合研究センターユニットリーダー、一一年同チームリーダー。

神経変性疾患ポリグルタミン病とプリオン病で、タンパク質が間違った立体構造を取る分子メカニズムとその異常凝集による生理的影響を解明した。また、ヒトのタンパク質ハンチンチンの凝集が、脳の様々な領域において異なる構造をもつアミロイドを形成し、それが細胞毒性の違いをもたらすことを解明した。

受賞は、文部科学大臣表彰若手科学者賞、日本学術振興会賞ほか。

●研究者を志した動機と研究テーマ

福井謙一先生に憧れ京大工学部へ

私は奈良の東大寺学園という高校の出身なのですが、周りに医学部志向の友人が多く、医者になろうと考えたこともありました。一方、基礎研究をし、病気のメカニズムを解明することで人の役に立てれば良いなとも思いました。

当時、私は生物学にも興味はありましたが、むしろ物理や化学が好きでした。それで、物理化学や量子化学の手法を生物学や生命科学に応用できないかと考え、大学は京都大学（京大）工学部化学系を選びました。この学科は、ノーベル化学賞を受賞した福井謙一博士が活躍されたところで、私が入学した時にはすでに名誉教授でしたが、大学院で福井先生の弟子に当たる森島績教授から研究の楽しさや厳しさなど、多くのことを学ぶことができました。

米国での研究成果が『ネイチャー』に

大学へ入って物理化学と生命科学の境界領域の勉強をしていた一九九三年、ハンチントン病を引き起こす原因遺伝子が特定されました。私は、この原因遺伝子を研究することにより、病気のメカニズムの解明や治療が可能となるのではないかと考えました。

京大で工学博士号を取得した後、ハンチントン病への興味もあり、理化学研究所（理研）の脳科学総合研究センター（脳センター）の貫名信行先生（現順天堂大学教授）の下でポスドク研究員となりました。貫名先生は元々東京大学神経内科の出身で、アルツハイマー病やハンチントン病の研究をされていました。貫名先生の下で研究を行う機会を得て、新たに神経科学の分野へ飛び込むことができました。

その後、カリフォルニア大学サンフランシスコ校のジョナサン・ワイスマン教授の下に、ポスドク研究員として渡米しました。そこで研究したのがプリオン病で、ヒトのクロイツフェルト・ヤコブ病やウシの海綿状脳症（ＢＳＥ、狂牛病）などに代表される、プリオンタンパク質がその病因に関与する神経変性疾患の一群です。酵母プリオンを用いてプリオン凝集体（アミロイド）がプリオン病の唯一の感染源であることを証明し、アミロイドの物理的特性がプリオン感染に深く関わることを見出しました。この研究成果をまとめた論文が二〇〇四年に『ネイチャー』に掲載されました。自分にとってはこれが大きな転機になりました。

日本に帰り、理研でＰＩ（Principal Investigator、研究室主宰者）になってからは、再びハンチントン病の研究にも力を入れました。その成果として、ハンチントン病の原因タンパク質「ハンチンチン」がさまざまな構造形態の凝集体を形成し、それぞれが異なる細胞毒性を示すことを世界で初めて発見しました。この成果は、ハンチントン病だけでなく、多くの神経変性疾患の病態解明や、新たな治療法の開発に道を開くものだと考えています。

●日本の研究環境

脳センターの設備や研究補助は世界トップクラス

私は米国の一流の研究室でポスドク研究員として働く機会に恵まれましたが、その経験からいうと、脳分野の研究に必要な施設・装置に関しては理研・脳センターは米国や欧州の同種の研究所と同等か上にあると思います。脳センターでは、大型や共通の施設・装置についても共有化が進んでおり、維持管理のための優秀なテクニシャンも配置されています。

もちろん、利用する場合にはそれなりの料金を支払う必要がありますので、頑張って研究費を獲得してくる必要があります。その外部競争資金の申請事務などの管理事務についても、理研には外部資金室という組織があり、しっかりと研究者を補助してくれています。

HFSPの資金で国際共同研究を実施

脳センターは一九九七年に発足しましたが、運営費交付金による予算の減少が続いています。そこで、運営費交付金だけではなく外部競争資金の獲得が奨励されています。現在の自分の研究では、外部資金として内閣府の研究資金が大きく、後は民間の財団からの奨励金に応募して研究費を獲得してくることもあります。

少し変わったリソースとしては、フランスのストラスブール市に本部を持つ国際機関であるＨＦＳＰ[注8]からの研究費も獲得しています。ＨＦＳＰの研究費では、国際的にチームを組んでの研究をサポートして貰うことができ、自分たちは米国カリフォルニア大学バークレー校とイタリアの研究者と一緒に共同研究しています。共同研究では自分たちが持っていない実験手法を活用できるため、今まで手が届かなかった研究ができるようになりました。

若手にもう少し研究資金を

競争資金システムについてですが、米国のＮＩＨ（National Institutes of Health）では一度申請して駄目だった場合でも、その申請を変更修正して再度トライできます。採択に携わるレフリーの方も、最初の申請の審査状況を踏まえ、どこがどう変わったかを念頭において審査し直し、良ければ採用します。日本の科研費などの場合には、申請と審査は一回限りのものであり、過去の申請と審査が次のステップに活用されることはありません。日本もＮＩＨのシステムを採用すべきではないでしょうか。

日本のシステムのもう一つの問題は、研究資金の偏りです。科研費というのは日本のすべての研究者が対象ですが、その中に世界トップレベルと考えられる研究者に非常に大きな金額を支給している場合があります。それも重要かもしれませんが、研究者の裾野を拡大する意味で、もう少し若手に研究資金が回るようにすべきではないかと思います。例えば、非常に大きな資金が配分される科研費の基盤Sの採択数を減らし、その分を若手向けにしたらどうかと思います。三〇歳代の気鋭の若手研究者が主体的に研究を行うとなると、スタッフの人件費を含めて最低でも年間一千万円は必要ですので、こういったところを手厚くする必要があると思います。

産学連携で資金調達も考えられますが、自分の仕事は基礎生物学にカテゴライズされる研究であり、製薬業界も含めて産業界と直ちに結びつくテーマは扱っていません。

若い人には大いに外国に出かけてほしい

米国の場合には、アシスタントプロフェッサーなどテニュアのポストを獲得することは大変難しく、それこそ必死になって研究をしています。日本の場合も米国と同様でありなかなかアカデミックポストがない状況ですが、米国ではPhDを持っていてアカデミックポストを目指していても、ある程度のところでそれに見切りをつけて、西海岸に多いバイオ系の民間会社に就職するというルートがあります。日本の場合には、PhDを持つ人を民間会社がほとんど採用しないところが問題です。

若い研究者には、外国に行くことを強く勧めています。研究施設や装置では、日本は米国や欧州と同等ないしはそれ以上となっていますが、トップレベルの研究者と交わることにより研究のブレイクスルーのきっかけを経験することもありますし、広く国際的な研究ネットワークを構築できる点も重要です。日本国内で、アカデミックポストの確保には、外国にいると不利だという話も聞いています。しかし、そういった考えに惑わされず、若い人にはどんどん外国での経験を積み、一流の研究者になってほしいと思っています。

人材や研究の評価は重要です。理研・脳センターのシステムを紹介しますと、論文などの業績を評価するとともに、評価を受ける側から提出された研究者リストからの数名と評価する側が選定した研究者リストからの数名で、ピアレビューを実施しています。理研・脳センターの場合、チームリーダーといえども任期制であり、シビアに研究成果が評価されます。

●国際動向と日中協力

和光のインターナショナル・ゲストハウス

私に関係する脳研究の分野で強いのはやはり米国であり、自分が所属していたカリフォルニア大学サンフランシスコ校やハーバード大学、マサチューセッツ工科大学などが世界トップレベルです。英国のケンブリッジ大学や、ドイツのマックスプランク研究所も強いと思います。

私の研究室では日本人の研究者を優先するという考えはあまりなく、国籍にかかわらず業績がよくモチベーションが高い研究者を、できる限り雇いたいと思っています。ここ最近採用した四名は、偶然にもすべて外国籍の研究員です。理研・脳センターでは、研究業務はすべて英語ですし、事務的なことも英語で対応可能です。脳センターがある理研の和光本所で働く外国人研究者のために、インターナショナル・ゲストハウスがあり、来日してから一年間はそこに住むことができます。日本での日常生活は日本語ができないと苦労しますが、ゲストハウスにいる限りはそれ程問題ないと聞いています。日本での生活に慣れてきた一年後に、民間のアパートに移ることになっています。

日本でインパクトのある研究がなされているか

日本では、研究設備などもそれなりに整備され、科研費もある程度の額が確保されており、基礎研究のレベルも高くなっています。

ただ、米国などと比較した場合に、日本の研究者が本当にインパクトのある研究をしているかどうか気になるところです。評価システムの問題でもありますが、研究のクオリティより、論文の数で測ろうとする傾向が見えます。五年に一度でもいいから、本当にインパクトのある論文を出した研究者をキチンと評価し、テニュアのポストにつけていくことを考えるべきだと思っています。

中国では今後良い成果が期待される

私はこれまで中国とは付き合いがないので、中国の科学技術についてそれ程知識はありません。ただ友人などの話を聞くと、米国のトップ研究室から戻ってきて中国国内でラボを持っている人が多くなっているということで、今後良い成果が期待されると思います。研究施設や研究費も非常に恵まれているとも聞いています。

日中協力は進めるべきであると思っています。自分の経験では中国のトップクラスの大学を卒業した中国人学生を、自分の研究室で大学院生として受け入れるかどうか面接をしたことがありますが、残念ながら英語でのコミュニケーション能力が弱く、採用となりませんでした。日中間の協力であっても、英語が必須だと考えています。このことは日本サイドにおいてもいえることだと思っています。

（二〇一四年二月六日　午後、理化学研究所にて）

【注8】「ヒューマン・フロンティア・サイエンス・プログラム」の略語で、一九八七年のヴェネチア・サミットで日本政府が提唱した国際プロジェクト。生体が持つ機能の解明を中心とする基礎研究を国際的に推進。

東大卒業後、ニューヨーク州立大学に留学して博士号を取得したことで、研究者を志すようになりました。

東京大学　東原　和成

東京大学　大学院農学生命科学研究科　教授
東原　和成（とうはら　かずしげ）

一九六六年、東京都生まれ。八九年東京大学農学部農芸化学科卒、九三年ニューヨーク州立大学ストーニーブルック校にて博士号取得、九三年デューク大学医学部博士研究員、九五年東京大学医学部助手、九八年神戸大学バイオシグナル研究センター助手、九九年東京大学大学院新領域創成科学研究科助教授、二〇〇九年同大学大学院農学生命科学研究科教授。

匂いやフェロモンを感知する嗅覚感覚の仕組みを、有機化学、分子生物学、神経科学、細胞生理学、生化学など、領域横断的な考え方と技術を駆使して、末梢の受容体から高次脳まで、分子レベル、細胞レベル、個体レベルで解明する研究を行っている。

受賞は、国際ライト賞、文部科学大臣表彰若手科学者賞、日本学術振興会賞、日本学士院学術奨励賞ほか。

●研究者を志した動機と研究テーマ

米国留学がきっかけで研究者に

学部の四年生までは研究者になることなどは特に考えておらず、体育会テニス部でテニスに明け暮れていました。学部を卒業する時期は世の中がバブルの真っ只中であり、体育会出身ですので就職の引く手あまたという状況で、当時は漠然と民間に就職するのだろうなと思っていました。ところが、卒論を書くために有機化学の研究室に入って実験を始めたところ、研究の面白さに目覚め研究を続けたいと思うようになりました。

一度は留学したいという思いもあったので、学部を卒業した後思い切って米国に留学しました。留学先は、ニューヨークのロングアイランドにあるニューヨーク州立大学ストーニーブルック校です。マンハッタンから電車または車で一時間位のところにあり、ライフサイエンス分野で有名なコールド・スプリング・ハーバー研究所の直ぐ近くです。大学院では嗅覚とは関係ないテーマを選びましたが、その間に米国の研究者からブレイクスルーであった嗅覚受容体の発見の論文が出され、この分野が注目されるようになり、いつか自分も嗅覚研究をしたいと思うようになりました。博士号取得後、ノースカロライナ州にあるデューク大学でポストドクター研究員となりました。ボスはロバート・レフコウィッツ教授で、Gタンパク質共役型受容体（G protein coupled receptor）についての先駆的な研究で、二〇一二年のノーベル化学賞を受賞した人です。これらの経験により自分の研究スタイルを確立することができ、研究者を志すことになりました。

昆虫のフェロモン受容体とマウスの涙からフェロモンを発見

デューク大学でのポスドク研究員を終えて日本に帰り、生物の嗅覚に関する研究を一から立ち上げました。最初の成果が嗅覚受容体の機能解析で、これは世界に先駆けて成功したもので、論文が発表されると米国の関係の学者たちからも注目されました。その後東大で助教授のポジションについてPIになった後、昆虫のフェロモン受容体やマウスのフェロモンを発見・同定などをすることができました。自分の印象では、欧米の研究者と比較すると日本の研究者は「物取り」つまり新しい物質の発見が得意だと思います。その意味で自分の発見も、化学のバックグラウンドを生かした「物取り」の技術と分子生物学や神経科学の技術を融合させて成功したのだと思います。これらの成果は『ネイチャー』や『サイエンス』に掲載され、自分の研究者としての道が開けたと思います。現在では、物質レベルの化学的視点をもちつつ、脳のしくみにも取り組み、また昆虫やマウスだけでなくヒトを対象とした嗅覚研究にまで研究の幅を広げています。

●日本の研究環境

独立した研究開始に苦労

米国から帰国し研究を始めた頃は、研究費を獲得するのが大変で苦労しました。

米国と違い、若手はボスがいてその庇護の下に研究しているということになっており、大きな金額の競争資金に公募しても、名前が知られているかどうかが影響し、ある程度のステータスで実績のある研究者しか採択されないため、小さな予算しか採択されませんでした。従って大きな備品や装置は買えず、かろうじて消耗品を回す程度の研究費だったため、独立して研究することは困難でした。ただ、財団や民間の奨励金については比較的採択して貰い、これで初期の研究が進んだと思っています。

そういった苦労が七年くらい続いた後、二〇〇三年から生研センター[注9]の若手研究枠に採用していただき、その後二〇〇七年から科研費の若手Sがもらえて、二〇一二年からJSTのERATOの研究代表者となるなど、潤沢にサポートし続けていただいているので、現在は困っていません。

研究機器も大きな問題でした。米国では研究機器が共通に使え、専門のテクニシャンも配置されているので、若手が新しい大学に移動してもすぐに研究を開始できます。日本の大学では研究機器は個々の研究室に属しており、またテクニシャンがキチンと配置されていないため、他の研究室の人に使われるとその後の実験が難しくなるなどの理由で、大学や学部共通で使う環境にありません。このため、新しいところに移った若手研究員は、折角隣の研究室に必要な研究機器があっても使えず、かといって自分で買うには研究費がなく、結果として誰かボスの庇護の下にしか研究できないという状況です。理研などは共通施設があると聞いていますが、大学は現在でも問題ではないかと思います。

学生を競争的資金で自由に雇用できない

日本の研究費システムですが、社会への貢献や応用を意識するあまり、トップダウンのプロジェクトが増え基礎研究のファンディングが減少している気がします。トップダウンの研究費は、初めに定めたミッションに束縛されて計画変更等について柔軟に対応できないことや、報告書作成や報告会開催など煩瑣な作業が多すぎることなどの欠点があり、結果として思うような研究ができなくなっています。

私が現在研究費の大半を受けているＪＳＴのＥＲＡＴＯは、どちらかというとトップダウンの研究費ですが、研究の自由さは十分に認められていて、これまでの積み重ねもありシステムとして非常に良くできていると思います。特に、最初の半年間はＪＳＴの事務職員が派遣され、プロジェクトの立ち上げがスムーズにできました。ただ、問題も若干あります。学生を雇用することに制限があることです。米国の場合は学生をプロジェクトの研究費で比較的自由に雇用できますが、ＥＲＡＴＯに限らず日本では学生の雇用には制限があります。おそらくその理由は、学生は教育を受けている身であり、プロジェクトのための研究ではなくて博士をとるための研究をさせるべきである、という考え方があるためでしょう。このためポスドクを雇えといってくるのですが、中途半端なポスドクはほとんど役に立ちません。むしろ、じっくり育てた大学院の学生の方がよっぽど戦力になります。これは、日本の研究環境がポスドクで支えられている米国の研究土壌とは大きく異なるので、日本では欧米と同じポスドク制度はなじまなかったという結果でしょう。

研究室単位でのラボマネージャーが必要

研究管理などの研究補助体制ですが、研究マネジメント人材として、大学単位でＵＲＡ[注10]を育成・定着させる制度ができつつあります。非常に良いことだと思いますが、実際に雇用された人は個々の研究室レベルで働く人ではなく、大学全体の資金獲得のための事務に係る人たちが中心です。また、雇われる人は、例えば製薬会社出身の高齢の人などになっています。でも、ポスドク問題の一部解消にもなると思いますが、例えば、三〇歳代の若手で研究よりかはマネジメントに向いていてしそうな人を雇うべきだと思います。つまり、組織管理およびマネジメントのプロで、研究室単位で動くラボマネージャーが必要であり、そのような若手を育成するシステムとそれを立派な立場の職業であると認知する社会の構築が必要と思います。

業界の活性化のために幅広く産学連携

自分の研究に関連する業界全体を強くしたいとの思いで、産学連携を進めています。他方、自分の分野は基礎研究であるため、個別の企業の利益のための応用研究を行わないよう心がけています。例えば現在、特定のビールメーカーとではなく、ビール酒造組合など業界団体と連携しています。特定のメーカーのため応用や実用に近いところを研究する場合、契約をキチンと取り交わす必要があり煩雑な事務処理が必要となります、利害関係も生まれます。特定の企業のためよりは業界全体が活性化するために、基礎研究を進めることが重要であると思っています。

一方で、企業から技術指導などを求められたら、どんな会社にもその機会を提供しています。重要なのは、目標を設定しお互いにできることを明確にして、双方にとって良い形で連携することだと思います。

今の学生は国語力が弱くロジックを作る能力に欠ける

今東大の学生を見ていると、基礎学力は高いものの、国語力が弱くロジックを作る能力に欠けていると感じます。修士論文を英語で書くという学生がいたりすると、私は少し待てと言ってまず日本語で書かせ、起承転結がきちんとしている文章が書けるように指導します。現在の日本の大学は「国際化」とか「グローバル化」というキーワードが流行となっており、できるだけ英語力を高めようとしていますが、その前に共通の語学力の教育が重要で、日本語ができないのに英語はできません。

一方、自分の経験を振り返ると米国に留学して英語で物事を考える中でロジックを作る能力が養われたと感じていますので、英語の世界に触れることは重要です。外国での経験は大変重要ですが、タイミングは個人個人で違うと思います。私は学部卒業後に渡米しましたが、人によってはポスドクで三〇歳代になってからの方が良い場合もあります。自分にとってどのタイミングが良いかは、自分の直感で判断すればよいと思います。躊躇している時は良くないタイミングで、躊躇せず思い切れる時に行くことをお勧めしたいと思います。

本人のためにも、博士取得のレベルを高く設定して、どこでもやっていけるような博士を育成しないと、ポスドク問題はなくならないと思います。ポスドク問題の原因は企業が博士をとらないからとよくいわれますが、大学院教育のほうにも責任があると思います。

評価をするのが上手くない日本人

研究者の評価ですが、どうも論文数・引用数に頼り過ぎだと思います。どんなにいい論文でも、その分野の研究者が少なければ引用数も少なくなります。また、細切れにたくさん論文を出す人もいますが、じっくり大きな良い論文にまとめる人もいます。また、ＰＩであっても、単に論文に名を連ねているのではなく、コレスポンディングオーサーあるいはラストオーサーとなっているか等、実質的に研究に関与した形跡があるかをしっかりと見て評価すべきです。日本では、相変わらず名誉オーサーやギフトオーサーなどが多く、評価するのがなかなか難しいのが現状かと思います。

あとは、よく『ネイチャー』や『サイエンス』などのトップジャーナルが評価されがちですが、そういう雑誌でなくても良い論文はたくさんあります。もっとも、トップジャーナルに出せるというのも実力の一つでありますが。

いずれにしても、日本人は、人を評価することができるように教育を受けて来ていません。米国の審査方法とは違う、日本に適した評価法を考えることも必要かなと思います。

日本の科学技術システムについても、日本の風土に合った政策・制度を考えることが重要と考えます。先程ポスドク問題の話題をだしましたが、海外と日本とでは社会、文化、歴史が根本的に違うので、日本ならこうすべきという考えがないまま海外の制度をそのまま導入する政策は良くないと思っています。

●国際動向と日中協力

ライバルや協力相手は所属機関ではなく研究者で判断

私の研究分野で、ライバルと思われる研究者は欧米の各所にいます。具体的には米国のコロンビア大学やロックフェラー大学、欧州ではドイツのマックスプランク研究所やフランスのINRAなどが中心ですが、他にも様々います。欧米では、所属する大学や研究所が二流であっても良い研究者がいて、裾野が広いと思います。

国際協力や交流も同様で、所属する国には関係なく研究者で判断しています。ただ、自分の分野の研究に不可欠なノックアウトマウス【注1】などは、国を越えて移送するのが大変なので、国内の研究者との協力がやりやすいという側面があります。また、米国や欧州から見ると、日本は地理的に遠いため、協力や交流に対する距離感があると思います。自分が米国にいれば、現在よりはるかに欧米の研究者との間での共同研究が可能だったと思います。

中国独自の研究が重要

一方中国の科学技術ですが、一〇年くらい前から海外人材の帰国奨励政策を始めていることは承知しています。しかし、この帰国奨励策だけでは思うように科学技術レベルの向上には至らないと自分は見ています。理由は、米国等で『サイエンス』や『ネイチャー』に論文を一本書いたといった実績だけの研究者を中国に厚遇で戻しているからです。一本の論文だけであれば、本人の実力ではなくボス（研究指導者）の力の可能性があります。また、米国等ではPIではなかったため、帰国後にPIとして研究室をメンテナンスできる能力が本当にあるかも疑問です。実際、自分の見る限りダメな人が戻って厚遇されているのも見ています。

米国から帰国した研究者の中には、米国での研究と同じ考え方で仕事をしている人もいますが、それでは中国で研究する意味がありません。現在自分がいる東京大学農学部の研究室を発足させた鈴木梅太郎先生は、ドイツで師事したエミール・フィッシャー教授から東洋ならではの研究をやるようにいわれて帰国し、脚気の問題に取り組みビタミンB1を発見しました。中国も、漢方などの意味合いを普遍的に説明できるような研究を行えば、漢方がさらに世界に波及するのに、と思います。漢方のように伝統的な技術以外にも、中国独自であるいはアジアとして解決すべき課題も多くあり、こういった課題に積極的に取り組むべきではないかと思っています。

そのような中国との協力ですが、気をつけなければならないのは、日中双方に政治力だけで台頭している研究者がいる点で、自分はそういう人とは協力したくないと考えています。研究者は研究内容がすべてで、研究成果が優れていると見極めたうえで協力しています。この点さえクリアできれば、日中韓で組めば欧米ももっとアジアに注目すると思いますし、アジア独自の課題などアジアでやるべき研究があるので、それを日中韓等で進めるべきだと思います。我々が米国と同じことをやっても仕方がありません。

なお、留学生等で中国の学生も見ていますが、グローバルなネット社会のせいか日中の学生で違いをあまり感じません。もの心ついた時にネットがあったジェネレーションは国境を越えて同じで、これは米国の学生も同様です。日本も中国も研究を一生懸命にやる人はやるし、やらない人はやりません。中国を含め一定レベル以上の生活水準となった先進国では、学生の質はどこも同じと感じています。

（二〇一三年一〇月一〇日　午後、東京大学にて）

【注9】独立行政法人「農業・食品産業技術総合研究機構」の内部組織である「生物系特定産業技術研究支援センター」の略称で、バイオテクノロジー研究開発の支援、競争的資金による基礎的研究の支援、農業機械分野の共同研究などを行っている。

【注10】University Research Administrator の略語で、大学等で研究活動の活性化や研究開発マネジメントの強化等を支える人材。

【注11】遺伝子操作により一つ以上の遺伝子を欠損させたマウス。

病理医だった大伯父に憧れ、医学研究を志しました。

京都大学　柳田　素子

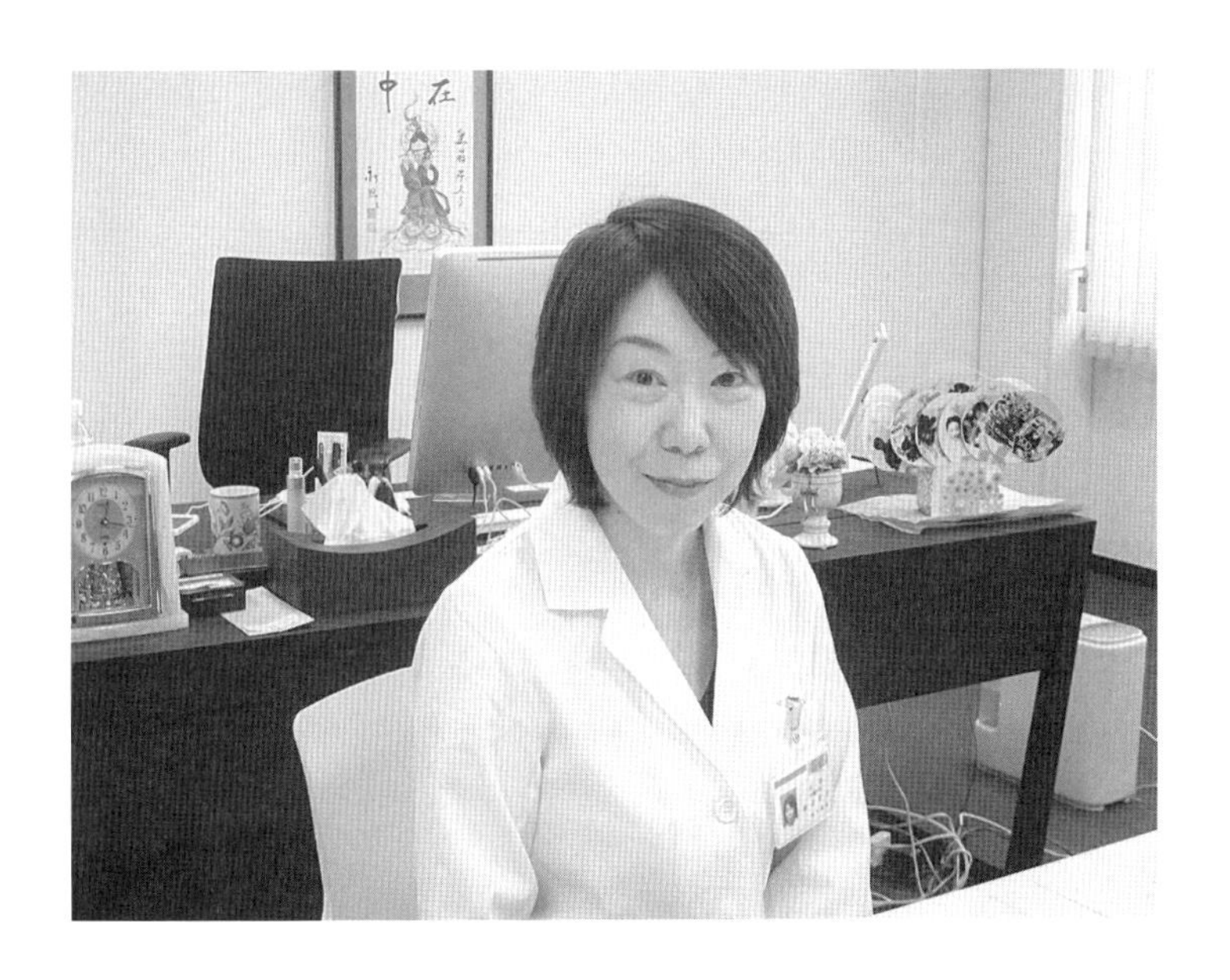

京都大学　大学院医学研究科　教授

柳田　素子（やなぎだ　もとこ）

一九六九年、兵庫県生まれ。九四年京都大学医学部医学科卒業、同大学医学部附属病院で研修、九五年兵庫県立尼崎病院で研修、二〇〇一年京都大学大学院にて医学博士号取得、ERATO柳沢プロジェクト研究員、〇四年同大学大学院二一世紀COE助教授、一〇年同大学次世代研究者育成センター「白眉プロジェクト」特定准教授、一一年同大学大学院医学研究科教授。

腎臓病の増悪因子を同定し、増悪因子をブロックする腎臓病治療薬の研究を行った。さらに腎臓の再生力とその限界や、腎臓病の素因が胎生期に決定されるメカニズムを明らかにしてきた。

受賞は、岡本研究奨励賞、日本血管生物医学会 Young Investigator Award、日本腎臓学会大島賞、日本臨床分子医学会学術奨励賞、内科学会奨励賞ほか。American Society of Clinical Investigation 会員。

●研究者を志した動機と研究テーマ

病理医だった大伯父に憧れ医学研究を志す

小さいときはピアノが好きで、芸術関係の大学に進みピアニストになることが憧れでした。ただ体が弱く、神戸中央市民病院小児科を辞められて開業されていた石垣四郎先生に、しょっちゅう診ていただきました。石垣先生は子供に大変優しい名医で、先生の前に座っただけで治ったような気がしたことから、人に安心感を与えることができる医者という仕事に大変ひかれました。

ある時、私の祖母から石垣先生と祖母の兄（大伯父）との話を聞いて大変感動したことがありました。石垣先生は京都大学（京大）医学部出身で、私の大伯父と同期でライバルだったのだそうです。大伯父が医学部を卒業して大学で病理を研究し始めたときに、広島に原爆が落ち、京大から調査団を派遣することとなりました。大伯父は肋膜を患い病弱で、周りは調査団に加わることを止めましたが、「病理学者は、今、未知の病態で困っている病人の役に立つことが重要である」と妹である私の祖母に言い残し、広島西郊の佐伯郡大野町（現・廿日市市）にあった陸軍病院に出発しました。ところが、一九四五年九月一七日に枕崎台風による山津波の直撃を受け、調査団の宿舎が全壊してしまいます。大伯父は土砂の中から救出されましたが、その後さらに体調を崩したと聞いています。自分の体を顧みず、病理学者として患者さんの役に立つことを志願した大伯父に大変感銘を受け、医学の研究を志すことになりました。

大学への往復バスで腎臓学の話を聞く

京大医学部の学生のとき、土井俊夫先生が同じバス停から大学へ通っておられました。土井先生は米国ＮＩＨから帰国直後で、京大老年科で腎臓グループを率いておられました。バスでの行き帰りの中でＮＩＨでの研究内容をお聞きしましたが、先生の話は大学の授業で習った腎臓学とは大変違っており、最先端の研究と大学の授業とではこれほど違うものかと感じました。そして、土井先生が研究しておられる腎臓学はこれからの学問だと思い、老年科に入局しました。今から考えると、分子生物学が腎臓学の領域に入ってきて、研究的にも輝きを増していた時期だったのだと思います。

●日本の研究環境

競争的資金が継続されないとの不安を糧に良い研究を目指す

私の研究費は、主として科研費や厚生労働科研費ですが、現在は内閣府のＮＥＸＴのプロジェクトが中心です。

米国の友人は、米国のＮＩＨのファンディングが良くない方向に動いているといいます。採択率が一〇％を切るほど競争が激しく、また採択される研究テーマが基礎的なものより出口の見える臨床応用やトランスレーショナルなものにシフトしており、基礎研究者がラボを維持できなくなって研究をやめていくとのことです。それが一般的な見方かどうかは分かりませんが、そうだとすれば、日本のファンディングは、むしろ基礎研究が重視されていると思いますし、ＮＥＸＴもそうですが若手を支援するような枠組みが意識的に作られていると感じます。競争的資金がうまく継続できないかもしれないという不安は常にありますが、その不安を糧として、良い仕事をしようと思うことにしています。

若手の独立を援助する共通機器センター

京大では、できるだけ若い時期に独立させて自分の研究をさせようという伝統があります。その場合に問題となるのは研究装置や機器の入手で、研究に必要なものをすべて自分で買い整えると数千万円もかかります。京大医学研究科では萩原正敏教授を中心として共通機器センターを立ち上げて下さっていますので、研究費の少ない若手には大変助かります。研究者は使用料を支払いますが、テクニシャンや維持費は医学研究科で支出していただいています。

現在でも患者の回診を行う

私は臨床から出た疑問を基礎研究としていかに解明していくかを重要視していますので、私にとって大学病院で患者さんを診察する時間はとても重要です。

京大医学研究科では、メディカルイノベーションセンター（ＭＩＣ）という組織で大学の教員と民間の製薬企業の研究者が共同で創薬研究に携わっています。違うバックグラウンドを持つ研究員と交流し議論することで、研究の幅が広がっていきます。

初めてのプロジェクト立案と諸先生方のメンターシップ

私は、研究生活のかなり早い段階で自分のプロジェクトを立案し、遂行、完結するという経験を積ませていただいたことをとても感謝しています。腎臓病学の面白さを教えてくださった土井先生は、私が大学院の間に徳島大学に栄転されたため、それまでのプロジェクトはいったん途絶しましたが、その時の加齢医学講座を主宰しておられた北徹教授は、私が自分のプロジェクトを立案することを許してくださいました。立案後も色々と試行錯誤しましたが、北先生をはじめとする諸先生方のご支援のおかげで論文に結実させることができたのは、とても良い経験でした。

私は、大学院修了後ポスドクとしてＥＲＡＴＯの柳沢オーファン受容体プロジェクトに参加しましたが、ＰＩだった柳沢先生の素晴らしいサイエンスに触れ、ものすごい衝撃を受けました。プロジェクト立ち上げのため一ヶ月間、柳沢正史先生がおられるテキサス大学のサウスウェスタン医学センターに滞在しましたが、センターの同じフロアに、コレステロール代謝の研究で一九八五年にノーベル生理学・医学賞を受賞したマイケル・ブラウン先生とジョゼフ・ゴールドスタイン先生がおられました。柳沢先生のおかげで、両先生にお目にかかることができたのですが、両先生とも信じられないほどに頭の回転が速く、私のプロジェクトについてちょっと話をしただけですばらしいアドバイスを頂くことができたのは得難い経験でした。また、広い人脈の中から私の研究につながりのありそうな研究者をたくさん紹介していただきました。

留学経験があればそこから海外の人脈を作ることができるのでしょうが、私はそれがありませんので、独立後は意識的に国際学会に参加し、その前後で周辺の研究室をまわって人脈を広げる努力をしてきました。これは京大元総長の井村裕夫先生に教えていただいたことです。

京大医学研究科内でも、ありとあらゆる分野の素晴らしい先生方から色々とよいご示唆をいただき、共同研究させていただいています。こういったメンターシップを得たことは独立間もない研究者にとって何にもましてありがたい経験でした。

若手の登竜門、京大白眉プロジェクト

京大は白眉プロジェクトといって、優秀な若手研究者を任期付年俸制で採用し、自由な研究

環境を与え、全学的に支援する仕組みを構築しています。私は白眉プロジェクトの一期生一八名の一人として採択されました。この白眉プロジェクトの良い点は、助教や准教授でＰＩ的に独立した研究を進められることが一つと、セミナーなどを通じて分野融合的な場が与えられることです。私もセミナーでの他分野の先生からの質問がきっかけとなり、腎臓内科的な発想では達成できない視点を得た経験を持っています。

白眉プロジェクトの審査では、プレゼンテーションが無く、四五分間すべてが質疑応答に費やされます。審査をしている先生に聞くと、「優等生的な研究はいらない。ブレイクスルーをもたらす研究が一つでも出たら、白眉プロジェクトは成功だ」といっておられ、とても京大らしいと思いました。いかにユニークな研究であるかが計られるとともに、自分の研究に対して、どれだけ多面的に考え情熱を持っているのかを試されている時間でした。

●国際動向と日中協力

海外との共同研究

自分の研究している腎臓分野で共同研究者が多いのは、圧倒的に米国です。特に、ハーバード大学のブリガム＆ウィメンズ病院の研究室はすばらしく、ここで研究していた留学生たちが世界に散らばり、それぞれが優れた研究をしています。米国以外では、ヨーロッパ、カナダ、オーストラリア、中国や香港にも良い研究者がたくさんいます。

キーストーンシンポジウムに参加して先輩学者に感動

国際協力の基本は、お互いを知り交流することだと思います。以前、米国のキーストーンシンポジウムに参加しましたが、このシンポジウムは一週間単位で生命科学の様々なテーマを設定して各国から研究者を集め、最新の研究内容を発表・討論させます。朝八時からお昼まで講演、その後夕方までは自由時間で、夜は二〇時頃まで口頭とポスターのプレゼンテーションというスケジュールです。自分が参加した時は、組織修復や線維化、がんに重要な役割を果たすTGF－betaの領域のパイオニアであるアニタ・ロバーツ博士が主宰していました。彼女は末期がんと診断されていましたが、自分が切り開いた分野の将来を思い、シンポジウムに参加している研究者同士を紹介し、繋げることに全力を挙げており、大変感動的でした。若いうちはメンターから様々な人とのつながりを貰うことも大事ですが、自分が中堅になったら若手に同じことをすべきであると強く感じました。

草の根協力が日中間で重要

ここ一〇年の、中国の科学技術の進展はすごいと思います。とりわけ、臨床と研究を高いレベルで両立している physician scientist が多い点、患者レジストリが確立している点はすばらしいと思います。

日中間での科学技術協力は、是非実施すべきと思っています。現在のように政治的に緊張しているときこそ重要です。私には中国の優れた共同研究者や親しい友人も多くいます。こういう人たちと交流を積み重ね、お互いの顔の見える良い関係を継続する必要があります。

（二〇一三年一二月九日　午前、京都大学にて）

第二部

環境・エネルギー分野

「人間行動のニュートンの法則」を発見したかったのですが、じゃんけんで負けて水の研究をすることになりました。

東京大学　沖　大幹

東京大学　生産技術研究所　教授

沖　大幹（おき　たいかん）

一九六四年、東京都生まれ。八七年東京大学工学部土木工学科卒、八九年同大学生産技術研究所助手、九三年博士（工学）の学位取得（東京大学）、九五年同研究所講師、九七年同助教授、二〇〇二年文部科学省総合地球環境学研究所助教授、〇三年東京大学生産技術研究所助教授、〇六年同教授。

地球規模、日本を含むアジアモンスーン地域の水循環とその変動について、観測調査、解析、理解、数理モデル化、予測システム構築に関わる手法の開発と実践を行っている。

受賞は、文部科学大臣賞科学技術賞（研究部門）、日本学士院学術奨励賞、日本学術振興会賞、海洋立国推進功労者表彰、日本生態学会生態学琵琶湖賞ほか。米国地球物理学連合（AGU）の水文学部門で初の日本人フェロー。

●研究者を志した動機と研究テーマ

じゃんけんで負けて水の研究へ

小さい子供の時には図鑑で結晶の美しさに感動したり、中学三年生の時にはエレクトーンにのめりこみ友だちとバンドを組んだりと、色々な分野に興味がありました。高校に入ってからも、剣道や天文学のクラブ活動に加えて生徒会活動をしていました。大学入試を考える際に理系を選ぶか文系を選ぶかについて父と相談したところ、「文系の学問は後からもできるが、数学や物理は若いうちにやっておかないと身に付かないので、迷うのであれば理系が良いと思う」といわれたので理系を選び、東京大学の理科一類に入学しました。しかし結局、専門課程では文系理系両方の学問を学べそうだと思って、工学部土木工学科に進学しました。

土木工学科で研究室を選ぶ際、当初は交通工学研究室を志望していました。先生が「人間行動に係るニュートンの原理を発見しよう」といっていたのが魅力的でした。今にして思うと、行動経済学の黎明期だったのです。ところが当時から交通研は人気があったので、六名の定員のところ七名の応募があり、誰を落とすかじゃんけんで決めることになった際に私が負けてしまい、やむを得ず別の河川水文研究室に行くことにしました。学部三年生の夏に建設省（現国土交通省）の大田川工事事務所でインターンをし、都市化にともなう洪水の激化を数値シミュレーションで明らかにするような研究もそれはそれで面白いな、と思っていたからです。

建設省の官僚か博士課程かで迷う

同じ研究室で当時講師だった小池俊雄先生が雪を研究しており、またその四年前の一九八二年七月に長崎大水害があったこともあり、河川水文研では雨の研究をやることにしました。研究をするうちに、梅雨時の豪雨などそれ自体はローカルな現象ですが、その背後にはアジアモンスーンが関係しており、さらに研究するとそのアジアモンスーンも地球全体の水の循環の一部にすぎないため、「地球規模の水循環に関する研究」が日本の洪水被害軽減と水問題解決には本質的に重要だと考えました。これが現在まで続く私の研究テーマです。

修士課程を終える段階で、建設省に行くか、大学に残って博士課程に行くかで迷いました。建設省傘下の研究所には最新鋭の気象レーダが備えられていて、当時の大学より二桁大きい年間研究費を使って研究できる点や、官僚としても事務次官にまで出世する可能性があるのが非常に魅力的でした。しかし、指導教官の虫明功臣先生から「博士課程に進学すれば、いずれ助手にしてあげる」といっていただけたので、建設省に未練もありましたが、大学では例え研究が世間に認められずとも好きな本を読んで日々知的に過ごせるのではと考え、「ミニマックス（最悪の事態がましな選択肢を選ぶ）」戦略で博士課程への進学を決めました。

●日本の研究環境

最先端の装置に縛られないように自戒

工学研究では大型施設を使うため、運転・保守や観測のスタッフの確保が大変重要です。しかし国立大学の定員管理が厳しくなり、運転・保守などのスタッフを定員で雇うことができず、現在は大学院生に手伝ってもらっている状況です。これでは、研究室で長い間積み上げてきた技術やノウハウが無くなってしまう可能性が高いのでは、と危惧しています。

研究費を継続的に支援していただいているので、研究施設に関してそれ程困った経験はありません。ただ、施設や装置を世界最先端にすると、その時には優れた論文を書くことができますが、ある程度経つと逆にその施設に縛られて新しい研究のアイディアが出なくなる恐れもあるので、モノに支配されないように自戒しています。私の属している東大生産技術研究所（生産研）は、東大でも施設の共用が進んでいる方であり、クリーンルームなどは一〇名以上の教員で共有していますし、液体窒素などの冷媒施設も共用しています。

科研費のシステムは優れている

独立して研究を開始した際、最も頼りとなった研究資金は科学研究費であり、幸運なことに小さいものから比較的大きなものまで、ほぼ切れ目なく採択していただきました。科研費は研究者支援的な側面が強く、非常にありがたい資金だと思います。また、虫明功臣先生がＪＳＴのＣＲＥＳＴの研究総括となった際には、私もそのプロジェクトに参加でき、研究を大きく展開できました。国際的な共同研究を実施する資金として科学技術振興調整費やＪＳＴのＳＡＴＲＥＰＳ[注12]などの資金も得て、タイなどとのプロジェクトも実施してきました。ＮＥＤＯのプロジェクトにも参加しましたが、三年間で終了しました。産業界との協力による研究費獲得というものはあまりありませんが、飲料メーカーであるサントリーから、「水の知」というテーマの寄付講座という形で例外的に巨額の研究支援を頂戴した経験もあります。

私は、科研費について全く不満がありません。審査は非常に公正だと思いますし、使い方についても年度初めである四月から直ちに使えるようになり、今では繰り越しも可能です。もちろん、その代り不正はするなという考え方が徹底しています。ＪＳＴの資金も、科研費に倣って努力していると思います。それらに比較すると、文科省や環境省の内局予算からのプロジェクトは、学術とは別の価値判断、例えば内部の予算獲得競争に勝てるかどうか、財務省の受けが良いかどうかなどの点での評価となるため、課題的に若干バイアスがかかっているように感じます。また、研究期間が三年だと、我々の分野のようにスタッフを大勢雇う必要のある研究には短すぎます。

ファンディングにも多様性が大事だと思います。大きな資金が必要な研究分野では、優れた目利きの判断で大きな資金をどんとつぎ込むようなシステムも有効です。ただそれだけですと、実績のある人ばかりが研究費を得ることにもなりかねません。そこで、自由競争で、良い研究構想さえ示せれば研究資金が獲得できるシステムもあわせて必要だと思います。若い研究者だと実績や評判の勝負ではどうしても見劣りするので、そういった人にそれなりの研究資金を配分するためには、若手枠的な仕組みも必要です。

水の問題は地球規模の課題であり、産業界も産学連携に積極的で、浄水器メーカーや化学系メーカーのシンクタンク等の事業にアドバイスすることで貢献しています。ただ、これらの協力により多額の研究資金を貰うことはありません。むしろ、国の研究費で得られた成果を、このような形でも社会還元していると思っています。

大学院重点化で大学院生が急増

大学における人材確保、後継者の育成は、だんだん難しくなってきています。よほど学問への憧れがないと、大学に残って研究者になろうとは思わないのではないでしょうか。若い人の気持ちを察すると、研究は面白そうだけれども、何歳になっても教授や准教授といったきちんとしたポストに就けない気がするし、先生になったらとても忙しそうなので研究者を目指すのはやめておこう、といった心情だと思います。大学院の重点化政策で、大学院生の定員もやや増えすぎました。私の場合は、博士課程の途中で助手に採用していただき、大変幸運で光栄でした。また、博士号取得者が貴重だったこともあり、東大にポストがなくても他の大学でしかるべきポストに就ける時代でした。

研究者として幅を広げるためには、外国での経験は重要です。私は東大に在籍のまま、ＪＳＰＳの海外特別研究員となり、米国ＮＡＳＡのゴダード研究所で二年間研究しました。ＮＡＳＡは地球規模の水循環・気候研究では世界トップレベルで、そこでの研究経験と滞在中に培われたＮＡＳＡを含む米国内での人脈は、現在の研究活動にも大いに役立っています。

研究者の評価について、生産研は東大でも厳しい方だと思います。例えば私の属する部門では、准教授では七年目、講師は三年目に関係者からなる審査委員会でレビューされ、ここで高く評価されないと先へは進めません。また、大学院教育で協力講座として係っている工学系研究科社会基盤学専攻では、若手に十分なポストを確保するため、六〇歳で退職する申し合わせをしていています。東大全体としては六五歳定年ですが、専攻の年齢構成のあるべき姿を考えた結果で、今のところ先輩の先生方は基本的に六〇歳で退職されています。僕も六〇歳で退職する心の準備をしています。

（なお沖大幹先生は、二〇一四年三月に新潮社から『東大教授』という新書を刊行されており、大学での教育研究などに関しては、この書籍も参照していただきたいとのことでした。）

●国際動向と日中協力

内向きな日本の土木工学関係者

理学系に比べて工学系では、研究論文で世界に対抗しようとする意欲はあまりなく、内向きに見えます。東大は頑張っている方ですが、世界に向けて論文をきちんと書いていこうという志向がやや弱いように感じます。もちろん、『サイエンス』や『ネイチャー』で勝負しようとしている物質材料などの分野ではばりばり論文を発表しているようですが、そうでない分野、例えば土木建築系では、関係の業界や役所と付き合っていれば普段の教育研究は何とかなるので、あまり論文などで勝負しようという雰囲気ではありません。土木関係の業界も日本国内だけでは商売にならなくなってきていますので、業界が眼を外に向け始めると、逆に役所や大学の研究者も変わってくるかもしれないと期待しています。

ノーベル賞受賞のＩＰＣＣにも参加

地球規模の水循環研究の競争相手は、米国とヨーロッパです。米国は私が留学したＮＡＳＡなどが強く、ヨーロッパではオランダ、ドイツが続いています。アジアは、この分野ではあまり存在感がありませんが、中国の清華大学や中国科学院の研究機関には東大出身の関係者も少なからずいて、教授などとして頑張っています。

国際的な協力関係は研究者にとって重要です。我々の場合も、国際的なプロジェクトに参加して共同で書いた論文の方が引用数は多く、高く評価されているように思います。国際的に優れた仲間と卓越した共同研究をして、切れ味の良い論文を共著で書くことが重要です。またノーベル平和賞を受賞したＩＰＣＣの作業部会に、私は日本政府からの推薦で参加し活動していますが、このパネルでの活動も我々の研究に大いに役立っています。

水循環研究で中国との協力は重要

中国の科学技術ですが、研究資金が豊富で、研究者が研究活動に対して明るく楽観的であるという印象を持っています。また、研究費を取るとそれが自分の収入に直結しているとも聞きます。一見悪くないようですが、もし自分の給与に直結するとなると、大きな研究予算の獲得を後ろめたく感じるようになってしまうのではないでしょうか。

また、予算配分があまり公正ではなく、人的なつながりで決まっているという話も聞きます。そのため研究者は交流活動に熱心で、よく宴席が設けられるし、極端な場合には昼からそのような席に参加することもあるようです。これでは良い研究はできません。もちろん組織によっても違い、ＮＳＦＣは欧米流の考えが浸透しているため、そのようなことは少ないと聞いています。

地球全体の水循環の研究では中国との協力は重要で、より強力かつ緊密な協力体制を構築していく必要があります。北京など中国北部は元来水が少ないことから、様々な水資源プロジェクトが進んでいます。しかし、単に中国の利害だけでなく地球環境全体を考えてプロジェクトを実施する必要があり、我々も大いに協力したいと思っています。

中国と協力すると日本の技術が盗まれるということをいう人も時々いますが、学術の成果は自分が独占するものではなく、他の人にも使ってもらって普及させる方がより重要なのではないかと考えています。

（二〇一三年一〇月一八日　午後、東京大学生産技術研究所にて）

【注12】ＪＳＴと国際協力機構（ＪＩＣＡ）が協力し、地球規模課題の解決と将来的な社会実装に向けて日本と開発途上国の研究者が共同で研究を行う三〜五年間の研究プログラム。

東北地方の山や海で、気球を上げて上空の気流観測をしました。この観測が楽しく環境研究を志しました。

国立環境研究所　三枝　信子

国立環境研究所　地球環境研究センター　副センター長

三枝　信子（さいぐさ　のぶこ）

一九六五年、埼玉県生まれ。九三年東北大学大学院にて博士（理学）取得、同年筑波大学生物科学系助手、九六年通商産業省資源環境技術総合研究所研究員、九八年同主任研究員、二〇〇一年産業技術総合研究所主任研究員、〇八年国立環境研究所陸域モニタリング推進室長、一三年同研究所地球環境研究センター副センター長。

一九九六年以降、森林炭素循環の観測技術に関する研究と、アジアにおけるCO_2収支広域解析の研究を進めてきた。

受賞は、日本気象学会堀内賞、The Norbert Gerbier-MUMM International Award 2012（世界気象機関：ＷＭＯ）ほか。

●研究者を志した動機と研究テーマ

大学院で気球を上げ観測する

気象の観測や野外で空を見るのが好きで、学部三年生の時に気象庁に就職しようと思い、国家公務員試験を受けました。しかし合格しなかったため、もう少し勉強すべきと思って大学院に進学しました。東北大学の大学院で、東北地方の山や海へ行って気球を上げて上空の気流の観測をしました。このような観測的研究がとても楽しく感じたので、この分野に進んだというのが率直なところです。

植物の二酸化炭素交換プロジェクトで地球環境問題へ

東北大学で博士（理学）を取得したのですが、卒業後直ちに気象学の知識を活かせる分野での就職先がありませんでした。そこで、筑波大学で地球環境変化特別プロジェクトが始まり、生物科学系で大気と植物の二酸化炭素交換の研究を推進しようとしていることを知り、任期付の助手のポストに応募し採用となりました。地球環境問題に係り始めたのはその時からで、元々の専門が地球物理学で生物学は大学でほとんど勉強していませんでしたが、就職した筑波大学では生態学の研究が中心で当初は戸惑いました。そこで、年上の助手の後ろについて回ったり、助手の仕事を終えて夜間に学部学生向けのゼミに参加したりして、必死に勉強しました。

●日本の研究環境

モニタリングのスタッフ育成には時間がかかる

現在研究に使用している施設や設備は、米国や欧州などとの違いはそれほどありません。私が大学にいた一九九〇年代、使用できる研究費の大きさが大学と国立研究所とで格段に違い、大学では温度計一本も手作りだったのに対し、国立研究所では数百万円もする装置や設備があり非常に格差を感じていました。最近では外部からの競争的な資金が豊富になり、大学でも比較的大きくて最新鋭の装置や設備を揃えることができると聞いています。私は現在国立研究所に所属していますが、かつて大型施設を所有していることを売り物にしていた我々の研究所などは、大学と競争するためにより工夫が必要となっています。

現在一番困っているのは、観測などのスタッフをどうやって確保するかです。昔の大学や国立研究所では技術専門職が定員として認められていたのですが、これが国家公務員の定員削減の対象となってほとんどなくなりました。現在、任期付のスタッフで対応していますが、雇用の期限は長くても五年です。環境をモニタリングするというのは非常に息の長い仕事であり、五年程度働いてようやく技術が習得できる段階に達し、その後に技術的な磨きがかかるというのが一般的です。したがって、五年でスタッフを交代させなければならないというのが、スタッフの技術が未熟な段階に留まり続けることにつながるわけで、大きな問題です。

モニタリングは息が長く継続的な研究費が必要

現在の研究資金は、所属している国立環境研究所（環境研）の運営費交付金が中心です。それに加えて、環境省の競争的資金や文科省の科研費、ＪＳＴの資金なども頂いています。

博士号を取得して筑波大学の任期付きの助手となった際に、一番助かったのが若手向けの科研費でした。就職して直ぐに自分の責任で運用可能な一〇〇万円から二〇〇万円の研究費を獲得できる制度があるということは、属している研究室に貢献できること、研究費を管理する訓練になること、外部資金にアプライする訓練になることなどの観点で、非常に良いことだと思います。

日本のファンディング制度で問題と思うのは、外部資金の種類が多くなったが故に研究費の規模が小さくなり、期間も短くなる傾向にあることです。先ほども述べましたように、環境モニタリングには長期間にわたり測定に携わる人材が必要です。従来、せいぜい一つか二つの外部プロジェクトがあればモニタリングの人材確保資金が間に合いましたが、最近ではさらに二つか三つ必要となって来ています。これでは、年度ごとにいくつかの外部資金に申請をし、またすでに獲得している外部資金の中間報告や最終報告などを締め切りに間に合うよう作成しなくてはならず、研究に充てる時間がほとんどないこともあります。環境モニタリングのような息の長い研究分野では、継続することで高い価値が得られると認められる研究について、プロジェクトの切れ目で他のプロジェクトや資金で継続できるかどうかの見通しがつくようにすべきだと思っています。

米国の場合、例えばＮＳＦと研究コミュニティとの距離が近く、ファンディングする側の意図や必要性などが研究者に十分伝わっているし、関係している研究者のポテンシャルやこれまでの実績が十分に把握されており、それを前提に公募しているため、応募の際に重要なポイントが分かりやすいと聞いています。日本の場合には文書で公募の内容が来るだけで、研究者は文書に盛られた少ない情報を基に必死に知恵を絞っています。もう少し、ファンディングする側と研究者コミュニティとの意思疎通を考えるべきではないでしょうか。

北海道大学、北海道電力と共同モニタリングを実施

環境のモニタリングでは、関連企業との連携も重要です。現在、森林の成長過程で二酸化炭素や窒素の循環がどのようになるかを調べるため、北海道大学の研究林で野外観測を行っていますが、このモニタリングを北海道大学、北海道電力と共同で実施しています。モニタリングというのは長い期間をかける必要があり、一方民間企業は景気変動などがあるので協力を維持

して貰うことは大変です。電力会社の場合、東日本大震災の際の福島第一原子力発電所の事故以来、復旧に向けて苦労されている中、貴重な協力をいただいていることに感謝しています。

若いうちから責任ある仕事を任せるべき

私は、地球圏—生物圏国際協同研究計画（International Geosphere-Biosphere Programme：ＩＧＢＰ）のコアプロジェクトの一つで、科学運営委員の一人として、欧米の研究者と議論する機会を持っていますが、これに参加して思ったのは、日本の研究者を育てる大学院教育は欧米と引けを取らないということです。博士号を取ったばかりの欧米の研究者が、国際会議で発表するのを聞いても、日本の大学院生の質の方が高いと思うことが度々あります。ところが欧米の研究者は、若いうちから国際会議の座長の経験をしたり、プロジェクトの班の責任者をしたり、国際共同観測を企画し研究費を自分で取って来たりして、経験を積ませる文化となっているようです。能力のある人はこの過程で非常に伸び、優れた研究者に成長していきます。一方日本の場合には、若いうちは責任のある仕事をあまりさせないため、折角良い素質を持っていても埋もれてしまうように見えます。ここが欧米の研究者の育成と決定的に違うと思います。

環境研での研究者の評価については、論文や国際活動での貢献など測る手段がある程度はっきりしているので、問題を感じていません。一般論として、評価は長いスパンで考えるべきであり、あまりギチギチやらない方がいいと思います。

前にいた産業技術総合研究所では、労働組合の婦人部で活動し、女性の研究者としての地位や待遇の向上に取り組みました。私の場合には子供がいないので苦労したという実感はありませんが、周りの同僚の研究者を見ていると、子供がいてある程度手が離れるくらいまでの人には男女を問わず配慮すべきだと思います。

●国際動向と日中協力

国際プロジェクトを立ち上げリードする人材が必要

日本の研究者は、個人として国際的に高いレベルにある論文を書きますが、チームを組んで組織立ってプロジェクトを纏め上げていくという力が欧米の研究者と比べて一段劣ると思います。良い論文を書いている日本の研究者は比較的多くいて、学会などで発表すると欧米の人も論文を読んでいて「ああ、貴方でしたか」となります。例えば一〇年スケールの国際イニシアティブを自ら立ち上げ、それをリードしながら成果を出していくという人があまりいません。地球規模の環境研究では、こういう能力のある人を育てる必要があります。

私には、外国での留学経験がありません。したがって、共同研究をする場合に必要なコミュニケーションの能力はオンザジョブで必死に勉強してきました。特に、国際的な観測ネットワークの窓口を否応無く任されたことが、コミュニケーション能力の獲得に大きかったと思います。要は必要に迫られて、自分の意思でやろうと思うことが重要だと思っています。

環境研究は国際的な協調が中心

地球規模の環境研究は他の分野と少し違い、競争よりも協調が中心です。もちろん、観測データから得られる新しい知見について論文発表をしますので、競争的な側面もあります。ヨーロッパは、地球環境の研究では非常に強く、EUのFP7[注13]でいくつものプログラムが継続的に実施され、世界を牽引しています。米国はNSFが中心となって、全米生態観測ネットワーク（NEON）計画を実施しており、機関としてはNASA、DOE、カリフォルニア大学バークレー校などが高いレベルです。アジアでは私たちが窓口となり、陸域の二酸化炭素の収支を中国、韓国、東南アジア、台湾などの多くの国の研究者と観測ネットワークを構築しています。観測ネットワークをつくりデータを集め一緒に解析をして、モデルやリモートセンシングと組み合わせて広域化していくという共同研究を幾つもやる機会に恵まれ、それが成果につながっています。

世界全体やアジア地域での観測ネットワークに参加し、ネットワークに参加している研究者とメールをやり取りする中で、共同論文を書こうと発案したり、逆に誘ってもらったりということが起きます。現在の研究テーマで私たちの研究室が成果を挙げることができているのは、こういった国際的なつながりによるところが大きいと思っています。

地球環境研究では中国との協力は必須

地球規模の環境研究では、中国を除外することはありえないことで、必然的に中国と一緒に観測網を構築し、協力しながらやっていくべきと考えています。

現在、中国科学院などの研究者と協力関係にあります。予算的にも人的にも研究内容でも、中国のレベルは格段に向上しています。昔は、予算を日本側が持っていって中国で観測し、成果を一緒に発表して戻ってくるといった協力が中心でしたが、現在は対等のネットワークパートナーであり、むしろ中国側の共同研究者が良い論文を書く場合もあります。

中国の場合、研究と政治的な立場とが完全に独立ではなく、観測データの収集において制約があります。日中以外の観測パートナー国で活動する場合にも渡航の自由度などで制約がありますし、テーマ選定についても政治的に問題とならないものに限られます。

さらに、中国に限りませんが、組織の縦割りの問題があります。中国科学院があり、大学があり、中国気象局があり、協力をしようとするとすべて並行して連携する必要があります。様々な分野で、中国としてまとまって対応してくれれば、随分やりやすくなると考えています。

現在、北京などの中国の大都市でＰＭ2.5の問題が発生しています。私は、アジアのＰＭ2.5や温室効果ガスを始めとする大気質、水質、生態系の変化などを協力してモニタリングし、それを研究として成り立たせるとともに、関係各国の行政に活かすことができたらという思いが強く、国際連携を頑張って進めて行きたいと考えています。

（二〇一三年一一月一二日、国立環境研究所にて）

【注13】ＥＵのトップクラスの専門家を中心として各分野での研究を行う資金助成制度「研究技術枠組み計画」のことで、ＦＰ７は第七次のプログラム。二〇一四年から後継プログラムとして「ホライゾン二〇二〇」がスタートした。

大学受験の際、生物学の研究か巨悪を暴く検事かで迷いましたが、家族の意見を聞き、京大に進学しました。

海洋研究開発機構　高井　研

海洋研究開発機構　ユニットリーダー
高井　研（たかい　けん）

一九六九年、京都府生まれ。九七年京都大学大学院農学研究科水産学専攻博士課程卒、農学博士号取得、九八年米国パシフィックノースウエスト国立研究所博士研究員、二〇〇〇年海洋科学技術センター（現海洋研究開発機構）研究員、〇四年同極限環境生物圏研究センターグループリーダー、〇九年同深海・地殻内生物圏研究プログラム・プログラムディレクター、JAXA宇宙科学研究所客員教授。

深海や地殻内といった地球の極限環境に生息する生物・微生物の生理・生態を研究し、生態系の成り立ちの仕組みを解明する。

受賞は、日本学術振興会賞、日本学士院学術奨励賞、Changemakers of the year 2012 研究者部門グランプリほか。

●研究者を志した動機と研究テーマ

ノーベル賞学者と特捜部検事に憧れる

高校生の時、ゆったりとした態度で実験の準備や飼育動物の世話をしている生物の先生の姿を見て、生物の研究者になるのもいいなあと思いました。利根川進博士がノーベル生理学・医学賞を受賞したのも私が高校二年生のころで、ノーベル賞が取れるような研究として分子生物学に憧れた記憶があります。一方で、若者にありがちな正義感から、志を忘れ疑惑を起こす大物政治家などの巨悪を追い詰める東京地検特捜部に憧れ、検察官になりたいとも思いました。このため京都大学（京大）農学部と大阪大学法学部を受験し、どちらも首尾よく合格しました。どちらを選ぶかで迷いましたが、明治生まれの教育ママであった祖母の「自分の一族から京大生を出したい」という言葉や、「京大とフランスのソルボンヌ大学のアカデミックな空気が最高」という母の言葉に従って、京大農学部水産学科に入学しました。ちなみに、その時までに私の母はソルボンヌ大学のあるパリに行ったことはありませんでした（笑）。

利根川先生のノーベル賞受賞は大学生になった私にとって大変なインパクトであり、卒論生としてどの研究室に進むか考えた際、農学部で分子生物学の手法を用いた研究をしていた水産微生物学研究室を選びました。

堀越博士の「君の目が気に入った」という言葉でＪＡＭＳＴＥＣ[注14]に

大学院の博士課程の時、米国ワシントン大学海洋学部のジョン・バロス教授の研究室に一年間留学しました。そこでは井の中の蛙が大海を知るという状況に陥りましたが、一方で世界の研究も所詮同じ人間がやっていること、自分が届かないところではないという自信もつきました。また深海研究の世界では、日本の海洋研究機関であるＪＡＭＳＴＥＣの評判が世界的であることも知りました。

留学から帰国して博士号を取得し、理化学研究所（理研）やＪＡＭＳＴＥＣを含めていくつかの研究所にアプライしました。理研とＪＡＭＳＴＥＣが非常に気に入り、どちらにしようか迷いました。最終的に理研に入る前提で、ＪＡＭＳＴＥＣの最終面接に望みました。その時の面接官の一人に、日本の深海微生物学の草分けである堀越弘毅博士がおられました。堀越先生から「君の目がとても気に入った。君のことは目を見ればわかる」といわれて、ＪＡＭＳＴＥＣに入る決心をしました。

ＪＡＭＳＴＥＣは海をキーワードとして、生物、資源、海洋学、化学、物理などの分野統合で研究しており、研究の対象が極めて大きい機関です。これができるからこの分野の研究をするという形ではなくて、まず知りたいと思う対象があって、それを知るにはどんな分野の研究も理解し、時には新しい分野に挑戦しなくてはなりません。自慢になるかもしれませんが、自分の研究がスケールの大きなものだといわれる原点がそこにあると思っています。

●日本の研究環境

海洋研究ではJAMSTECは世界一

ＪＡＭＳＴＥＣは世界一の海洋研究の機関だと思っています。昔はハード（研究施設・装置）一流、研究三流という人もいましたが、今は全く違います。米国にある世界的にも有名なスクリップス海洋研究所[注15]やウッズホール海洋研究所[注16]より、ＪＡＭＳＴＥＣは優れていると自負しています。

残念なのは、所管する文部科学省がＪＡＭＳＴＥＣの素晴らしさを理解しているのかなと思うことです。ハードの運用費やそれを支える必要な人件費などを近年削減しつつあり、大変な状況です。どうも日本の研究費の使い方は、悪しき平等主義に陥っているのではないかと思います。日本の海洋研究は世界に冠たるもので、こういう勝っている所を重点化して伸ばすことは戦略としては重要だと思います。財政が悪化しているから研究費を減らすのはある程度やむをえないとしても、すべての分野で一律に削減していくやり方は公平に見えて実は問題を先送りしたやり方のように思います。

ＪＡＭＳＴＥＣの内部にも同じような問題があり、上層部による研究管理が過剰になりつつあると思っています。管理・管理というのはリスクと責任を小さく分散する方法で、実際は成果を最大限に追求するやり方ではありません。管理のための仕事が多すぎると、逆に研究の生産性が大きく低下させると思います。研究所を経営・主導する側の人間に最も必要な資質は、大きな方向性を見据える先見性とリーダーシップと生き馬を見抜く目利き能力であって、それを信じて研究の進展を見守る器の大きさと責任を取る覚悟を示して欲しいですね。

省庁再編により研究費支出元が減少

私の研究室では、人件費を除く研究費で考えるとＪＡＭＳＴＥＣの運営費交付金が四〇％程度であり、それ以外は外部の競争的資金や政府のプロジェクトからの資金です。

日本のファンディングで懸念しているのは、研究費支出元をできるだけ政府全体で一本にまとめようとしていることです。特定の研究者や研究グループに研究資金を一極集中させないため、複数の研究費支出元は重要です。例えば米国では、研究費支出元がＮＳＦだけではなくて、ＮＡＳＡ、ＤＯＥなどいくつもあります。米国は、実際には強力なコネ社会の一面があり、パワフルで求心力のある人がグループを作り、このグループに入らないと研究費が取れなくなることがあります。しかし、研究費支出元がいくつかあるとその弊害が防げます。

昔の日本も多様な支出元がありましたが、省庁再編により科学技術庁と文部省が一緒になり、多様性が失われて一極集中になっていると思います。文部科学省に聞くと、トップダウンの研究費を支出するＪＳＴと科研費などボトムアップの研究費を支出するＪＳＰＳで区分けされていて問題ないといわれますが、私の印象ではＪＳＴの研究資金がイノベーション偏重になっており、サイエンスが弱くなっていると思います。ある程度ＪＳＰＳと重なってもいいから、ＪＳＴにももう少し基礎研究をサポートする選択肢を作って欲しいですね。

ＪＡＭＳＴＥＣの場合、民間企業からの研究資金はほとんどありません。ＪＡＭＳＴＥＣが資金を出し民間のメーカーが装置を製造するという受委託の関係であり、連携して共同研究をするというものではありません。この分野の日本の民間企業はかなり保守的で、イノベーティブではないと感じています。イノベーションに積極的なＩＴ企業などが、海洋の分野に出てきてほしいと思っています。

コミュニケーション障害が研究者に多い

私は、日本の教育に危機感を持っています。研究者としてのイロハよりも、人間として社会人としての大事なモノが欠落した若い研究者が多過ぎます。いわば「リコウな子供」的な人が増えて、「バカな大人」的な若手研究者が少なくなっています。一見、「リコウな子供」は社会に有益であるように見えますが、本当の意味で社会に有益であるのは「バカな大人」の方です。ましてや、知を創造し、社会に革新をもたらし、文化を生み出す基盤を築くべき研究者に「リコウな子供」は向いていません。

最近若い研究者で気になる点は、コミュニケーション能力です。特に理科系の優秀な人に、コミュニケーション能力に問題がある人が多い。大学や大学院では、人間として社会人としての大事な抽象的な人間教育とともに、自分の考えを相手に伝え相手の話を聞き、その上で交渉して最終的に皆が納得できる話にまとめる方法、手段、テクニックなどもしっかり訓練すべきです。昔は、大学は教えられる場所ではなく自分の責任で学問を追求すべき場であるとの考えから、教官が学生を手取り足取りといった教育はしませんでした。しかし時代が変わり、現在は学生が幼稚化しているため、単に知識を教えるだけではすまないと思います。

このように「リコウな子供」的な若手研究者を、私のところで「バカな大人」な研究者として鍛え上げることから始めなければなりません。漸く一人前になるところで別の大学や研究所に引き抜かれることがあり、それはそれで凄く喜ばしいことではありますが、一方では「投資した時間を返せ」といいたくなることもありますね。米国の場合には引き抜きを前提にしており、また使えない研究者と思ったら教育などをしないで切り捨てますが、人材が限られている日本ではそうは行きません。本当に優秀な人材の教育をないがしろにして、研究者の流動性だけ米国の模倣をしても、上手くいきません。

海洋のような大きなサイエンスでは裏方の仕事も評価すべき

研究者の評価ですが、昔、私は論文至上主義でした。ただし、論文といっても『ネイチャー』、『サイエンス』などやトムソンロイターの論文数といった尺度ではなく、ピアレビューを大事にするという意味です。我々研究者が他の研究者の論文を読むと、輝きを放っている論文を発見することがあり、私はそういう研究者に励まされ、そしてそんな研究者になりたいと思って努力することができました。

ただ最近では、海洋研究のように大きなサイエンスを研究する場合には多人数の研究者でプロジェクトを組む必要があり、その場合誰かが裏方的な仕事をする必要があるということもよく分かるようになりました。一人ひとりの個別評価ではなくプロジェクト全体の評価という観点も必要と思うようになりました。

●国際動向と日中協力

国際協力で国民性が見えてくる

深海バイオの世界では、米国、フランス、ドイツが伝統的に強く、最近英国も強くなっています。米国の海洋研究ではＮＯＡＡ【注17】やウッズホール海洋研究所が有名ですが、そのバックにいる大学の研究者の層の厚さが圧倒的です。ドイツはマックスプランク、フランスはＩＦＲＥＭＥＲ【注18】とパリ大学がすばらしい成果を出しています。英国はサウザンプトン大学が頑張っています。

色々な国の研究者と国際協力や共同航海を実施していますが、特に一緒に調査研究船に乗ると、国ごとに大きく異なる国民性や文化が見えてきます。例えば、米国人は極めて現実的で利があれば協力しますが、そうでなければ協力しないと割り切ります。また自己主張が強く、ややこしい時には日本人にはしんどい面がありますが、ドイツ人は実直でてきぱき仕事をするのですが、ちょっと真面目すぎてしんどい時もあります。英国の研究者は、奥ゆかしくてでしゃばらず、個人的には私が一緒に研究した相手としては一番やりやすい印象を持っています。

マンパワーや資金で向上したがサイエンスする文化は中国にまだない

中国のマンパワーと研究資金はすばらしいと思います。海洋の分野では、国家重点実験室（キーステーツラボラトリー）で世界的なレベルの研究も進んでおり、欧米や日本にどんどん追いついてきており、若い人たちのやる気や向上心も強いと思います。

ただ、欧米にあるサイエンスとしての文化的成熟は、中国にまだ醸成されていないと考えます。例えば米国のＮＡＳＡが強いのは、全人類の知のために研究をしているのだという強い誇りと精神があることであり、その崇高なる目標が脈々と受け継がれていることが文化だと思っています。この文化が中国に根付くには、まだ時間がかかるのではないでしょうか。また科学技術活動の上に、中国の役所が君臨しているという構造も気になります。

中国のマンパワーは大きな変革をもたらす可能性がある

しかし、私は中国の科学技術に携わるマンパワーが世界的にも圧倒的であり、科学の世界で大きな変革をもたらす可能性があると見ています。日本が、中国と同じように勝負していては、いずれ惨敗すると思います。

むしろ、サイエンスで中国人が思いつかないようなアイディアを出すことなどにより、中国の巨大なマンパワーを日中共同で活用していくといったことを考えるべきではないでしょうか。

（二〇一三年一二月四日　午後、海洋研究開発機構にて）

【注14】文部科学省所管の独立行政法人「海洋研究開発機構」の略称。

【注15】米国カリフォルニア州サンディエゴにある海洋研究施設で、カリフォルニア大学サンディエゴ校の付属機関。

【注16】米国マサチューセッツ州にある海洋研究施設。海軍とＮＳＦの資金により運営。

【注17】米国商務省にある「米国海洋大気局」の略称。海洋と大気に関する調査研究を実施。

【注18】フランスの国立研究機関である「フランス海洋開発研究所」の略称。

日本の大学を覗いてその後米国の大学に行くかどうか決めようと、比較的軽い気持ちで日本に留学しました。

富山大学　**椿　範立**

富山大学　工学部　教授

椿　範立（つばき　のりたつ）

　一九六五年、中国湖南省生まれ。八七年中国科学技術大学化学系化学物理卒業、九五年東京大学大学院応用化学卒業、工学博士号取得、同大学大学院工学系研究科応用化学助手、九八年同講師、九九年同助教授、二〇〇一年富山大学工学部環境応用化学科教授。

　新しい石油代替エネルギー源のプロセス開発として、超臨界状態の炭化水素等を利用し、温和な条件での固体触媒反応に世界に先駆けて取り組んでいる。

　受賞は、日中科学技術交流協会賞（アマダ工業賞）、先端技術学生論文表彰制度優秀賞（日本工業新聞社賞）、石油学会野口記念奨励賞、日本エネルギー学会進歩賞、日本学術振興会賞ほか。

●研究者を志した動機と研究テーマ

日本経由で米国留学を考え日本へ

両親とも中国湖南省長沙市にある湖南師範大学で歴史の教授をしていましたので、自宅は大学のキャンパス内にあり私はそこで育ちました。両親が学者であったため、研究者になることに対して違和感は全くありませんでした。湖南省の高校を出て、安徽省合肥市にある中国科学技術大学に進学しました。両親は歴史の研究者でしたが、私は文科系に興味がなかったので、理科系を目指しました。当時中国では、医学などより数学、物理、化学の人気が高く、私は化学関係の授業が好きだったこともあって化学のコースを選びました。

中国科学技術大学の同級生には外国志向の強い学生が多く、自分もその影響を受けて米国の大学入学に必要となるＴＯＥＦＬやＧＲＥを受けました。これらの結果を添えて米国の大学に申請したところ、ユタ大学などからオファーがありました。一方日本留学についても調べたところ、東京大学（東大）と中国科学技術大学の間に交換留学生制度があり、日本の文部省が一年半奨学金を支給してくれることが分かりました。そこで、まず日本を覗いて見てその後米国に行くかどうか考えようという、比較的軽い気持ちで日本に留学しました。日本に来て奨学金支給の期間を確認したところ、修士課程で勉強を続けるのであればさらに五年間延長できるということだったので、結局東大に残ることになりました。工学部では、北澤宏一前ＪＳＴ理事長や藤嶋昭東京理科大学学長の研究室と同じ階にある研究室にいました。

国際学会でカプセル型触媒を思いつく

中国の大学にいるとき、もし米国や日本に留学できなかったら、修士を卒業後シノペックなど中国の大手石油会社に入ろうと考えていました。そのことが頭に残っていて、東大でも石油会社の業務に関係する「触媒」の研究をすることとしました。

これまでで一番インパクトのあった私の研究はカプセル型触媒の開発だと思いますが、これは国際会議に出席していた時に別の先生の講演で膜の触媒の話を聞いていて、突然この膜を大豆くらいの小さな粒状にできないだろうかと思いついたのが発端です。その後二年程度失敗を重ねつつ実験を行い、漸くカプセル型触媒を完成させました。そしてこの成果により、二〇〇六年に日本学術振興会賞をいただきました。触媒分野では、現在私のカプセル型触媒を知らない人はいません。企業からこのカプセル型触媒に関する共同研究も多く来ています。さらに今後、シェールガスへの早急な応用、薬品中間体の合成への応用などを期待しています

●日本の研究環境

競争的資金により研究環境を整備

研究の成果を十分に出しているからだと思いますが、富山大学に来てからも研究費が比較的潤沢で、研究設備や装置は自分が獲得した競争的資金で十分に揃えています。

東大にいた時には実験室が地下室にしかなく、実験場所に困っていました。富山大学では優遇してもらっており、実験場所もあまり問題ありません。間接経費については、米国の大学の方がより厳しいと聞いています。友人がいるカリフォルニア大学では、正味一ドルの研究費を獲得するためには一・六ドルの資金を獲得する必要があり、〇・六ドルは大学側に間接経費として持っていかれてしまうと聞いています。日本の場合には、これほど極端ではありません。

内閣府のｅ－Ｒａｄ[注19]を有効利用すべき

私の研究資金は、ＮＥＤＯからの研究費が四割、ＪＳＴが三割～四割、後は民間企業との共同研究の研究費です。

私は研究費が特定の研究者に集中して配分されるのは良くないと思っており、その意味で内閣府が管理運営しているｅ－Ｒａｄというシステムは、大変有用だと考えています。昔は例えばＪＳＴとＪＳＰＳは別々で、それぞれがどの研究者に何の研究でどの程度の研究費を出しているかははっきりしませんでしたが、ｅ－Ｒａｄが導入されたため、これらが一目瞭然になりました。そうなると、ほとんど同じテーマで重複する研究などへの研究費支出は避けられるようになります。ただｅ－Ｒａｄの情報更新の遅いのが難点です。ある外部資金に応募して採用されなくて、次の外部資金に応募した際にｅ－Ｒａｄを見ますと、前の採用されなかった件が応募中で残っていたりします。そうすると前の件が採択されたと誤解され、新しい件の審査に影響が出てくることがありました。情報更新は、できる限り早くお願いしたいと思います。

競争的資金の審査員について注文があります。私が研究しているエネルギー分野でもいくつかの競争的資金がありますが、どの制度の審査員も同じような先生が並んでいるように見えます。自分のような応用に近い立場からすると、基礎研究に近いことをやっておられる大学の先生方ばかりではなく、民間会社のＣＴＯ（最高技術責任者）や研究所長などに、是非審査員になって貰いたいと思います。

産学連携は民間企業から依頼

私の研究分野は実用化に近い分野ですので、産学連携が進んでおり研究費も入って来ます。相対的にインパクトファクターの高い学会誌に論文を発表しているので、こちら側からお願いするというより、論文を読んだ民間会社側から協力や連携の依頼が来ます。電力会社や石油・

ガス会社といったエネルギー系の会社が中心ですが、多いときには一五社と共同研究をしていました。現在は、ＮＥＤＯやＪＳＴなど政府の競争的な資金が大きくなって来ましたので、民間会社との共同研究は減らしています。富山大学にいるので、富山県なり北陸地方の会社との協力が中心と思われるかもしれませんが、ほとんどは全国規模の会社との協力です。

学生アルバイトを禁止し生活費を支給

私は日本国籍に帰化しましたが、中国で育ちましたので中国人と日本人の比較をしますと、日本人の学生はおとなしくていうことをよく聞くのが良い点ですが、起業精神が足りないと思います。また大学に入ってからしっかり管理されておらず、競争心や闘争心が足りないという気がしています。さらに中国の学生は留学してキャリアアップを目指そうとして英語力を必死に勉強しますが、日本人の学生はそのようなハングリーさがありません。

私の研究室には、日本人の学生だけでなく留学生が大勢います。全部で四五人の学生がおり、そのうち中国、韓国、バングラデシュ、タイ、ベトナム、マレーシアからの留学生が一五名います。中国の大学院と同様に、獲得してきた研究費からすべての学生に生活費を支給しています。学生は勉強や研究に徹すべきであると私が思っているからで、学生のアルバイトは禁止しています。

研究室に受け入れる博士課程の学生数は、中国の大学では毎年二人と決まっているようですが、富山大学の場合には実質的に大学側からの制限はありません。しかし、あまり多いと大学院生の教育が十分にできないので、私は一年に三人まで受け入れると決めています。これは、東大時代に藤嶋昭先生が三人までと制限していたことを見ており、これに倣っています。

日本人の学生が博士課程に進学しない

日本の科学技術の将来を考えた場合、優秀な学生が博士課程に行かないという問題が大きいと考えています。民間会社が博士号を取得した学生を取りません。また、ポストの関係で大学や独立行政法人の研究所に博士がなかなか就職できません。そうすると大学院の博士課程に日本人が来なくなり、留学生が多くなっています。優秀な留学生は、博士をとっても日本に就職するのではなく母国に帰るか、さらにキャリアアップのため米国などに再留学してしまいます。これでは日本の科学技術力がどんどん劣化するおそれがあると思います。

外国人研究者の処遇も、大きな課題だと思います。私は出身が中国であり、日本の国立大学の教授としては大変珍しいことです。富山大学は地方大学であり、危機感があるからこそ外国出身の自分を教授にしてくれました。もう少し時間がたつと、旧帝国大学でも外国出身の教授が増えるのではと期待しています。

富山大学ではポイント制評価を試行

富山大学では今、人事評価についてポイント制度を試行しているところです。これは、色々な項目をポイント化し、それを足し合わせて評価するもので、具体的には論文の数、論文の質、特許の数、競争的資金の獲得額、民間資金の導入額、指導学生数、授業数などについて、それぞれ重み付けをしてポイントを決めてシステムです。

私は工学部で最も高いポイントのレベルにあり、全学では医学系の先生に高い人がいます。今のところ試行段階ですので、ボーナスや昇給、昇進には直ちにリンクしていませんが、それでも文系学部の先生や労働組合が強力に反対しています。私は、今の日本の大学のシステムがあまりにも一律であるので、このポイント制度が導入され、少しは給与などに反映されるべきであると思っています。

一方中国の大学では、仮に学部長などに一旦任命されても一年後や二年後に評価され、実績を挙げないと学部長から下ろされてしまうと聞いており、これは少し極端すぎると思います。私は、母校である中国科学技術大学から工学部長をオファーされたことがありますが、評価が厳しく大変リスキーだと考えて断りました。

●国際動向と日中協力

競争相手は米欧中の民間会社

私の研究分野での国際的な競争相手は、米国、欧州、中国です。米国や欧州は大きな石油会社があり、エクソンモービル、ＢＰ、ＡＭＯＣＯ、シェルなどが強く、中国はシノペック、ペトロチャイナです。応用に近い分野ですから各国とも民間会社の研究所が強いのですが、大学ではカリフォルニア大学のバークレー校とかＭＩＴなどが頑張っています。

資源国は総じて研究開発は弱く、中東は原油産出国ですが原油を売るだけで研究にまで手が回っていません。ロシアも天然ガスを大量に供給していますが、これも研究開発では弱いと思います。

中国の科学技術レベルは向上しているがオリジナリティが問題

私の研究分野に関連していえば、現在の中国は民間企業が弱く国営企業が強い状況です。ところが、国営企業は国内市場が安定しているため研究開発意欲が薄く、研究能力で優秀な人を国営企業はあまり雇いません。私のところの卒業生を含め研究意欲のある人は、ほとんど大学や中国科学院などの研究所に行くため、企業と大学などの研究ポテンシャルのバランスが良くありません。ただ企業にしても大学にしても、日本と比べて積極的に博士号取得者を採用するところは中国の良いところです。

中国の研究レベルは確実に上昇しており、論文数では日本を凌駕し、論文の質でも遜色ありません。ただ、インパクトファクターの高い学会誌や有名科学雑誌などに掲載されやすいナノ材料やバイオなどの分野に、研究者が偏る傾向があります。その反面、論文が出にくい深海の探索などの分野は、人気が無い状況です。また日本と比較して、論文のオリジナリティに差があります。東京工業大学の細野秀雄教授は鉄系超伝導体を発見しましたが、その論文はＪＡＣＳに掲載されたもので、『ネイチャー』や『サイエンス』に載ったものではありませんでした。その後、中国の研究者がこの分野に殺到し、おそらく二〇本程度の論文が『ネイチャー』に掲載されています。その意味で、中国の研究者が出した成果として、論文数では圧倒的ですし、『ネイチャー』に掲載されるくらいだから質も高いと考えられます。しかし、論文数や質が高くても、細野先生のオリジナリティには敵いません。

環境エネルギーなどの日中協力が重要

先ほど述べたように、中国からの留学生を多数受け入れています。私の研究室で頑張って成果を挙げ中国に帰国した自分の弟子が、天津大学、瀋陽化工大学、中国科学院大連化学物理研究所などで活躍していることが私の誇りです。

出身が中国ですから中国の大学などとの交流が多く、富山空港から遼寧省大連まで飛行機で一時間半ですので、しょっちゅう大連に行き研究協力や講演などをしています。富山空港から上海にも直行便があり、中国との協力関係は深くなっています。

中国側の研究レベルが急速に上昇していることもあり、日中間で科学技術協力を行うことは重要と考えています。すべての分野で協力を進めるのではなく、環境やエネルギーの分野を中心にしたらいいと思います。ＰＭ2.5、石炭燃焼、シェールガス、メタンハイドレードなどの基礎研究での協力などが面白いテーマです。さらに、中国は長い間一人っ子政策で、これから高齢化社会に向かうこともあり、医療や福祉での研究協力も重要ではないかと考えています。

（二〇一三年一二月五日　午後、富山大学にて）

【注19】　政府の府省共通研究開発管理システムのことで、競争的資金制度を中心として研究開発管理に係る一連のプロセス（応募受付→審査→採択→採択課題管理→成果報告等）をオンライン化するシステム。

マントルと地球コアの境界の研究手法を学ぶため、米国カーネギー地球物理学研究所に留学しました。

東京工業大学　廣瀬　敬

東京工業大学　地球生命研究所　所長

廣瀬　敬（ひろせ　けい）

一九六八年、千葉県生まれ。九〇年東京大学理学部地学科卒、九四年同大学にて理学博士号取得、同年東京工業大学理学部地球惑星科学科助手、九六年カーネギー地球物理学研究所客員研究員、九九年東京工業大学大学院地球惑星科学専攻助教授、二〇〇六年同大学大学院教授、一二年同大学地球生命研究所（ＥＬＳＩ）所長

地球深部がどのような物質からなり、どのような性質をもっているかを解明するため、超高圧・超高温技術の開発を行い、地球コア・マントル境界域に相当する極限状況を実現することに成功し、この領域で地球内部の鉱物が従来全く知られていなかった結晶構造に変化することを発見した。

受賞は、ＩＢＭ科学賞、日本学術振興会賞、European Association of Geochemistry Ringwood Medal、日本学士院賞ほか。

●研究者を志した動機と研究テーマ

東大入学当初から理学部志望

父親が数学者でしたので、小さい時から将来研究者になるということが現実的に見えていました。しかし、父と同じ数学の分野を選ぶことについては抵抗がありました。私の出身校の開成高校ではトップクラスの優秀な人は医学部ではなく理学部を目指すという雰囲気があり、それに影響され東大の理科一類に入学しました。理科一類の学生のほとんどが工学部に進学しますが、私は入学当初から理学部志望であり、工学部に入るのに必要な図学の授業は受けませんでした。理学部では、父の専門である数学を避けたいという気持ちはあり、またフィールドワークに興味があって地学を選びました。

マントルと地球コアを模擬する手法を習得

東大の博士課程を修了するまでは、火山のマグマの生成を研究していました。マグマは地球内部にあるマントルの最上層で、比較的浅いところにできます。

博士号を取得して東京工業大学（東工大）に移った際、マントルの最下層と地球コアの境界をより詳しく知ることが地球の理解には重要と思い、マントルとコアの境界の超高圧、超高温を模擬できるような実験をしてみたいと考えました。当時日本には超高圧、超高温を模擬するような実験手法を持っている研究者がほとんどいなかったため、米国ワシントンＤＣにあるカーネギー地球物理学研究所に客員研究員として入所し、実験手法の習得に努めました。それが現在の研究につながっています。

●日本の研究環境

テクニシャン確保に苦労

研究装置について、科研費から大きな研究費が出ていることとＳＰｒｉｎｇ－８を使っていることのため、困ったことはありません。

東工大の地球惑星科学科では設備装置の共用を進めることも念頭に、個々の研究者の研究スペースをあまり大きくせず共用スペースを広くして、大きな機器や装置などは共用スペースに入れる方針を取っています。ただし、東工大全体がそうなっているわけではなく、地球惑星科学科の取りまとめ役を担う教授の方針から来たものと思います。

地球科学分野の機器や装置を運用していくにはテクニシャンが必要です。米国ではしかるべき研究所や大学にはラボマネージャーがいますが、日本の場合公募をしても集まらない状況で、結局、大学院生や若い助教にしわ寄せが行っているのが現状です。日本でもライフサイエンス分野のテクニシャンは、人数も受け入れるポストも比較的多くそれなりに回っていますが、私の専門の地球科学分野ではテクニシャン確保に苦労しています。

私はたまたまＷＰＩ拠点の拠点長ですので、研究を支える事務補助のスタッフは困っていません。しかし多くの先生は、グループで事務補助スタッフをシェアしている状況です。

科研費の一人の研究者に一つのプログラムという縛りは問題

私の研究は基礎的な研究であり、三分の二は科研費で、残りは招聘研究員としてＪＡＭＳＴＥＣから研究費が来ています。

日本のファンディングは、安定的であるのが良い点と思っています。米国では、例えばＮＡＳＡの研究者が資金切れでいきなり大量に解雇されたという話を聞きます。問題点としては、日本の科研費では一人の研究者に対し一つのプログラムしか研究費が出ないことです。例えば、五年の予定で科研費のプログラムで研究していたとして、三年程度たったときに別の研究を実施したくなり変更しようとしても、極めて困難です。論理的には進行中のプログラムを断念し新たに別のプログラムに応募できることになっていますが、実際は研究者仲間から厳しい批判が出ることが予想されるため、とてもできません。このため、五年間はそのプログラムに束縛されて、新しい着想による別の研究に展開できません。また、一人の研究者に一つのプログラムでしか研究費が出ないということで、研究資金の継続の問題が出てきます。現在進行しているプログラムが終わり、もし万が一別のプログラムにより研究資金が獲得できないと、実験がとまってしまうかもしれません。

解決策としては、一人に一つという実質的な縛りを緩める必要があると思います。緩めた場合、特定の研究者に過度に研究費が集中する弊害が考えられますが、研究費に上限を設けるとか、個々のプロジェクトの研究費の額を少なくするとかにより対応できると思います。応用研究に近い研究分野であれば、科研費だけではなくＪＳＴなどのトップダウン型研究費にも応募できますが、私の研究のような純粋な基礎研究はトップダウンになじまないため、科研費に頼らざるを得ません。そういった点も考慮してほしいと考えています。

なお、地球深部の理学的な私の研究では、産業界とのつながりや共同研究はありません。

環境の変更が人材育成に重要

研究人材を育てるには、同じ大学や同じ研究室にずっといるのではなく、環境を変えることが重要だと思います。私の場合、東大から東工大に移ったことや、カーネギー研究所に客員研究員として派遣されたことが、研究を深めるきっかけとなりました。

特に、外国に行くということは重要です。私は米国に滞在しましたが、日常生活に娯楽がなく孤独感があり、これが研究にひたすら駆り立てる原動力になると思いました。他の国の人と日本人の違いを実感することも重要です。カーネギー研究所には世界各国から研究者が集まっ

て　どの研究者も普段から議論する訓練がされており、自分の意見をキチンということができる点が印象的でした。おそらく、小さいときから　自分の意見をいわなければならない環境で育ってきたためだと思います。

米国では、同じ大学で学部と大学院を卒業することはめったになく、別々のところに行くことが慣例化していますが、日本では全く違っていてむしろ純血の方が良いと思われているようです。これを変えるためには制度的な後押しが必要です。

日本人は器用で実験技術が高いが、テニュアのポストに就けない

日本人研究者は器用であり、実験技術は高いと思います。米国のカーネギー研究所では、実験をするラボに米国人がほとんど出入りせず、論文作成などのデスクワークだけをやっていて、実際ラボで働いているのは中国人、ロシア人、インド人、日本人といった外国人でした。米国人のポスドクもいましたが、彼らはラボにはあまり来ることはありませんでした。

日本人研究者の問題は、将来的なポスト確保です。自分のときには、担当の教授から「次に君は○○大学へ行きなさい」といわれテニュアのポストに就くのが一般的でしたが、現在はポスドクを繰り返してもなかなかテニュアのポストが獲得できなくなっています。自分の周りでもそのような例を見聞きしています。

人材評価に関し、常に基礎的な分野である地球科学の研究でも、フィールドワークが中心

で数年に一本しか論文が出ない場合と、シミュレーションなどの多くのデータで年数本の論文が出る場合があるため、数量的な指標だけで評価しないように気を付けています。

●国際動向と日中協力

優れた放射光施設が決め手

地球科学では、米国のカーネギー研究所とドイツのミュンヘン大学が双璧です。私の研究分野に近いところでは、ＳＰｒｉｎｇ－８という良い装置があることもあって自分たちが世界トップレベルで、米国イリノイ州のアルゴンヌ研究所とフランスの研究所がやはり優れた放射光施設を持っており、これらの施設を利用している大学や研究所のチームと競っています。

私は国内で九個指定されたＷＰＩ拠点の拠点長です。世界のトップレベルの研究者を引き付ける研究拠点を育成するというＷＰＩの考え方に基づいて、研究者は国際的に公募しています。最近の公募でいえば、二〇人の研究者採用枠で二〇〇人近い応募があり、そのうちの九割が外国人でした。

基礎的な分野のため中国の存在感は薄い

私の専門分野は非常に基礎的な分野で中国としての優先分野ではないからでしょう、中国の存在感はまだあまりありません。実際中国の研究室を訪問した日本の先生によれば、研究テーマや研究手法は先進国と比して一昔前のものが多いということでした。ただ、欧米や日本から指導者を招聘し、研究者の数が圧倒的で、研究資金も主要国と遜色がなくなっていることから、近い将来世界レベルとなることは間違いないと思います。

自分のところはＷＰＩ拠点として、世界の研究者に開かれていることが重要と考えていますが、先に述べた研究者の国際公募において中国からの応募はほとんどありませんでした。おそらく、この分野を研究している人が中国では少ないからだと思います。秘密のあるような研究をしているのではないので、中国からの研究者も歓迎したいと思っています。

（二〇一四年一月三〇日　午後、東京工業大学にて）

【注20】兵庫県播磨科学公園都市内に位置する理研所有の大型放射光施設。

スタンフォード大学のサマープログラムに参加し論文賞を獲得して、研究者としての自信をつけました。

電力中央研究所　渡邊　裕章

一般財団法人電力中央研究所　上席研究員（インタビュー時）

渡邊　裕章（わたなべ　ひろあき）

一九七二年、神奈川県生まれ。98年早稲田大学大学院理工学研究科機械工学専攻修士課程卒、九八年（財）電力中央研究所入所、二〇〇八年京都大学大学院工学研究科機械理工学専攻卒、博士（工学）取得、〇二年（財）電力中央研究所・エネルギー技術研究所主任研究員、一三年同上席研究員、一一年より東京大学大学院新領域創成科学研究科人間環境学専攻客員准教授（兼務）。（なお、インタビューの後転任され、現在は九州大学大学院工学研究科機械工学部門准教授）

エネルギーセキュリティと地球環境保全を両立させる次世代エネルギーシステムの実現に向けて、流体工学や熱工学を基盤として、グローバルな視点から革新的な技術の開発を実施している。

受賞は、日本機械学会賞（論文）、日本機械学会奨励賞（研究）、日本燃焼学会論文賞、日本燃焼学会奨励賞ほか。

●研究者を志した動機と研究テーマ

航空宇宙に憧れ流体力学を専攻

空を飛ぶとか、宇宙に行く機会といったものに憧れ、航空宇宙分野を勉強してみたいと思い、早稲田大学理工学部に入学しました。早稲田大学では流体力学を学び、流体力学の応用の一つとして、ガスタービンの研究を選びました。当時、世界最高峰のスパコン（数値風洞）を持っていた科学技術庁航空宇宙技術研究所（ＮＡＬ）で、卒論と修士課程の計三年間を過ごしました。修士号を取得後、そのままＮＡＬに就職し研究を続けることも考えました。しかし、ＮＡＬは当時科学技術庁傘下の国立研究所であったため、入所するには国家公務員Ｉ種試験を上位でパスする必要がありました。そこで、ガスタービンの研究を含むエネルギー分野でレベルの高い財団法人電力中央研究所（電中研）に入りました。

スタンフォード大学のサマープログラムで論文賞を獲得

研究者としての自信が持てたきっかけは、二〇〇六年に一ヶ月間米国スタンフォード大学のサマープログラムに参加したことです。夏休みの期間に、世界から若手の研究者を集め合宿させて、最終的に論文を書かせるプログラムです。参加希望者は大学に対してプロポーザルを出し、それが良いものであれば渡航費を出しコンピュータを含めた研究環境を提供しますというのが謳い文句でした。プログラムに参加すると、世界的に有名な研究者であるスタンフォード大学の教員がホスト役で指導してくれ、週一回報告ミーティングをし、二週間に一回プレゼンテーションをして、それを論文にまとめ上げるシステムでした。自分が参加したプログラムは、スタンフォード大学とＮＡＳＡが共同で運営しており、資金はＮＡＳＡが出していました。大変でしたが頑張ったおかげもあり、私の研究分野におけるトップジャーナルで、私が作成した論文により Feature Article という賞を取ることができました。これが、現在の自分の研究の基礎となっています。

●日本の研究環境

施設運転の法令が他国より厳しくデータ取得に支障

日本のエネルギー関係の研究施設そのものは、現在、米国や欧州と比較しても遜色ありません。問題なのは、研究施設の運転に係る日本の法令の厳しさです。私の研究分野では高圧関係の実験施設が重要ですが、米国や欧州で実験可能な条件でも日本の法令に合致せず実験できないことがあります。そうするとコアとなるデータが外国の実験施設でしか取れず、日本のメーカーなどは外国の研究機関に資金を出して研究データを貰うということになり、国内では研究者が育たなくなるおそれがあります。

事務処理に関しては、電中研の本部は都心の大手町にあり、一方三ヶ所ある研究所や二ヶ所の実験場は、千葉県や神奈川県など広い範囲に立地しています。それでも、すべての研究所の契約などの事務関係は東京都狛江市にある業務支援センターで処理しており、研究員が困ることはありません。

出口を見据えた研究開発でも基礎研究への配慮が重要

電中研は、日本の電力会社が資金を出し合って設立した財団法人（現在は一般財団法人）で、全電力会社が売上額の0.2％を研究所の運営資金として支出しています。

かつては電力会社の資金が潤沢であり、大型研究も含めて比較的自由に研究ができました。しかし最近では、電力からの研究費は比較的出口に近い研究に当てられることが多くなり、長期的な視点に立った研究は政府が出資元であるファンディング機関から外部資金として取ってくる必要が出てきています。現在、人件費を除く私の研究費は約半分が研究所の運営費からで、四割がＮＥＤＯのプロジェクト、残り一割が科研費と文部科学省のスパコン「京」関連プロジェクトです。

エネルギー分野の国のファンディングは、出口の重要性を強調するあまり基礎技術開発の部分への配慮が足りないと感じています。エネルギーの研究は電力会社やメーカーと近いが故に、意識的に基礎をにらんでいないと次につながる技術開発ができません。米国や欧州の場合、基礎研究の厚みが大学にあり、そこにやはり応用技術開発で厚みのあるNASAやDOEが膨大な資金をつぎ込んで共同研究、共同開発を行っています。そこでは、基礎と応用に垣根が無く、両方を同時に研究しています。日本もこのような点を考慮して、ファンディングしてほしいと思います。

成果の産業応用は当然の前提

電中研は民間の電力会社の出資で運営される研究所ですので、研究成果が産業分野に使われることを目指すのは当然の前提です。

具体的な例を挙げますと、電中研が関与して実用化したプロジェクトに石炭ガス化複合発電があります。このプロジェクトでは、まず電中研が自らの資金で小型の装置による研究開発を行い、その成果を見てNEDOの資金によりパイロットプラントの建設運転を行いました。さらにその成果を受けて、電力全体でお金を出し合い株式会社を設立して、実証試験を実施しました。昨年、実証試験を担当した会社を吸収した常磐共同火力株式会社が、実証機を転用した勿来発電所一〇号機で商用運転を開始しています。

研究者育成には外国での経験が一番良い

研究者を育成するには、外国に出して一流の研究者の中で揉まれるのが一番良いと思います。現在はインターネットが発達しており、論文検索などにより優秀な研究者がどういう国や大学などにいるかは国内でも調べられます。また、国内にいて外国の良い論文も直ぐに読むことができますし、サイテーションも調べることができます。しかし国内にいては、そういったことが世界一流の研究者と比較して自分がどの位置にいるかを、肌で感じることができません。さらに、自分が研究者としてこれらの人に追いつき太刀打ちできるかどうかが判断できません。

留学や国際的な研究会に参加することにより、良い論文を出している世界的に著名な研究者とフェイス・トゥ・フェイスで議論ができ、自分の研究者としての立ち位置がはっきりしてきます。現在の日本の若手研究者（少なくとも私の周りの研究者）は、あまり外国に行くことにアグレッシブではないことが気がかりです。

研究評価は成果主義

エネルギー関連の研究は出口に近い研究が中心であり、研究評価では成果主義的な傾向が強いと思います。直ぐに応用・実用化できるような研究に力点がおかれ、予算が付き機器も投入される傾向があります。しかしこれでは消耗戦であって、こうした分野の研究も多様でなくてはならず、十年先を見通した地道な研究が不可欠であるという意見もあり、このバランスをどう取るかが今後の課題でしょう。

●国際動向と日中協力

大学と産業界の協力が欧米で進む

　私の専門であるガスタービンの分野では、米国と欧州が強いと思います。

　米国ではすでに述べたように、大学に巨大な資金を産業界が投資しており、基礎を含めて大型の実験が大学で実施されています。とりわけ、米国のスタンフォード大学は世界ダントツで、卒業生やポスドク経験者が全米、全世界に拡がって、教授や主要な研究者になっています。その教え子やスタッフが、またスタンフォード大学に送られ修行（ポスドク等）をしています。研究の世界ではこのようなネットワークの構築が重要であり、これがスタンフォード大学の研究レベルをさらに高めています。米国ではスタンフォード大学のほか、カリフォルニア工科大学、プリンストン大学、ジョージア工科大学などの大学や、また、ＤＯＥのサンディア国立研究所が頑張っています。

　英国では、ロールス・ロイスがケンブリッジ大学に巨額の投資をして、大学内に研究拠点を持っています。日本の三菱重工業などもケンブリッジ大学に多額の資金を提供して、委託研究を行っています。フランスはルーアン大学やツールーズ大学、ドイツはアーヘン工科大学が強い状況です。

日本は、国内の組織で分かれ個々に研究開発しています。一方米国や欧州は、すでに見たように民間企業と大学の結びつきが強く、基礎研究から応用まで一体で研究しており、使う装置も大型で研究資金も豊富です。また、全世界の研究者を結び付ける人的ネットワークもあります。このままだと日本はジリ貧状態で、とても米国や欧州には勝てないのではないかと危惧しています。

中国では基礎から応用へのフットワークが良い

私は中国を訪問したことがありません。国際学会誌のレフリーをやっていて、中国の研究者が書いた論文の査読をする機会もありますが、その印象では中国の研究者はフットワークが良いという印象です。例えば、大学の基礎研究で良い成果が出ると、直ぐに実用規模までスケールアップして実証しようとするなど、リードタイムが非常に短いと感じています。

電中研は上海交通大学と協力関係にあり、特に燃料電池の分野では研究者の交流や共同シンポジウムの開催などを行っています。現在のところは知財の問題もあり慎重に対処する必要があるということで、人材交流や情報交換の段階で留まっています。日中間の共同研究は今後の課題だと考えています。

（二〇一三年一二月一二日　午後、科学技術振興機構にて）

第三部

電子情報通信分野

絵を描くこととコンピュータが好きだったのですが、この二つが研究テーマに結びつくと知り、研究者になりました。

東京大学　五十嵐　健夫

東京大学　大学院情報理工学系研究科　教授
五十嵐　健夫（いがらし　たけお）

一九七三年、神奈川県生まれ。九五年東京大学工学部卒業、二〇〇〇年同大学大学院工学系研究科博士課程修了。米国・ブラウン大学ポスドク、〇二年東京大学大学院情報理工学系研究科講師、〇五年同助教授、〇七年同准教授、ＪＳＴ／ＥＲＡＴＯ「五十嵐デザインインターフェース」研究総括（兼務）、一一年同教授。

コンピュータアプリケーションのユーザインタフェースの研究に取り組む。長期的な目標は「ボタンをクリックすると何かが起きる」という現在主流のＧＵＩを超えるより柔軟で自然なインタラクションの確立。

受賞は、ACM SIGGRAPH 2006 Significant New Research Award、日本ＩＢＭ科学賞、日本学術振興会賞ほか。

●研究者を志した動機と研究テーマ

「絵を描くこと」と「コンピュータ」が研究者の道に

子供のころから理科系の科目が好きでしたが、研究者になろうとは全く思っていませんでした。身近に研究者がいなかったので、研究者という職業に対するイメージが何もなかったのです。

東京大学に入ってからものづくりに興味を持ったこともあり、二年生の進路振り分けで工学部の数理工学科を選択しました。修士課程を終えた際、就職するか博士課程に進学するかで悩みましたが、もう少し研究をしてみようと思い最終的に博士課程に進学することを選びました。その理由として、私は絵を描くこととコンピュータが好きだったのですが、この二つが研究テーマに結びつくということを知ったことも影響しました。この博士課程への進学が、私を研究者に大きく方向づけることとなりました。

博士課程の頃、絵とコンピュータの知識を活かし手書きスケッチによる三次元モデリングシステムを考案して、「スケッチ入力によるユーザインタフェースに関する研究」という論文に発表しました。これが、日本IBM科学賞の受賞につながりました。自分でいうのもなんですが、「これしかない」と思った成果でした。現在に至るまでこの時の論文は、私の論文の中で一番引用数の多いものとなっています。

米国企業のインターンで研究の基本を学ぶ

博士課程で米国の大学院に行くことも考えたのですが、当時は米国の大学院生は給与を貰う事ができるということを知らなかったため、留学するとお金がかかると思ってあきらめたという経緯があります。プログラムと論文を書くだけなら、どこにいても一緒だろうという思いもありました。

しかし日本で学びながらも、博士課程在籍中の三年間のうちの半分は米国にいました。米国では、企業のインターンシップ制度を活用して、研究活動を行いました。米国のインターンシップは素晴らしい制度です。まずインターンの学生に対し、しっかりとした成果を出すことを前提として、十分な旅費や滞在費が支給されます。インターンをお客様として受け入れる日本企業とは姿勢が全く違うと感じました。そして、プロの研究者の中に入って一緒に議論しながら仕事をするのです。このような機会を得たことは本当に貴重な経験となりました。研究を行う上で基本的なことや大事なことのすべてを、ここで学ぶことができました。

●日本の研究環境

研究費が研究者の雇用や研究環境整備に結びつかない

私の研究テーマはコンピュータのプログラミングに係わるものが中心であり、極端にいえばノートパソコン一つあればできる内容なので、実験装置には全く不自由していません。その一方で、柔軟に研究者を雇用することや優秀な研究者を引き付けるきれいなオフィスを整備するといったことには研究費は使いにくいのです。研究費が研究者の雇用や環境整備に使われず機材・設備ばかりに使われるのは、日本だけなのではないのでしょうか。

書類だけで競争資金を審査するのは問題

私の研究費は、大学に講師として赴任した当初からＪＳＴにお世話になっています。最初はさきがけで、次はＥＲＡＴＯです。それに加えて少額の科研費に選定されたことがあります。しかし、ＮＥＤＯや民間との共同研究による資金はあまりありませんでした。

私のようにコンピュータのプログラミングを専門とする場合は、研究内容をビデオで見ていただくと一目瞭然でその良し悪しもよく判ると思うのですが、日本の競争資金システムでは課題採択の段階では書類審査しか行われません。せめて、ビデオくらいは見ていただけるような、柔軟な対応があってもよいと感じています。

ＪＳＴのＥＲＡＴＯは、私が応募して選定されたのではなくＪＳＴから声をかけられたというのが正直なところです。これはトップダウン型の課題選定だったわけで、日本でもこのようなＥＲＡＴＯ型の資金を、もう少し増やす必要があります。過去に大きな成果を挙げている米国のＤＡＲＰＡのプログラムのように、プロジェクトマネジャーが研究者を直接選ぶような仕組みがもっとあってもいいと思っています。

研究に従事させる学生の処遇が問題

研究費の支出に関していえば、学生を国の研究プロジェクトで雇用しにくいという点で困っています。逆に海外から研究者を招聘するとなると、例えそれがインターン的な学生であったとしても、これを雇用し月に四〇～五〇万の報酬を払う枠組みしかありません。よくできる日本の学生からは授業料を取り、インターン的な外国からの学生には高額な報酬を払うという仕組みしかないというのは大変おかしいと思います。学生を研究に従事させる場合、どのような処遇とするかについて現場で機動的に決定できる仕組みがほしいという思いが募ります。

米国では、研究室で研究に従事させる学生に給与を払うことは当然のこととなっています。「学生は勉強するもの」という日本独特の固定観念から脱却し、学生をもっと研究の主体に据える仕組みとする必要があると思います。研究者が重要な成果を出せるのは二〇歳代なのですから、学生をプロの研究者としてプロジェクトで雇い、きっちり支援しないといけないのではないでしょうか。

ＪＳＰＳの特別研究員とインターンが両立しにくい

近年、政府も大学も人材を海外に出すことを奨励していますが、制度が十分にこの方針に沿っていないため、いざ海外に行くとなると足を引っ張られることが多いのです。例えば、ＪＳＰＳの特別研究員で海外に行った場合、そこの企業が実施するインターンのプロジェクトに参加しようとすると、期間に上限が設けられるなど、いろいろと制約がでてきます。ＪＳＰＳから特別研究員として給与を貰い、その上でインターンに参加して民間企業から給与を貰うと、給与の二重取りになるという理由です。すでに申し上げた通りインターンこそ大きな修行の場なのに、そのような機会を摘み取ってしまいます。大きな違和感を覚えます。

研究成果の評価・研究者の評価について、論文の量ではなく、質できちんと評価することが大切だと思っています。

●国際動向と日中協力

ソフトウェア・コンテンツ産業育成が日本の課題

私がライバルと考え競争している研究者の国や地域は、米国やヨーロッパに多いです。米国の中では、スタンフォード大学、ＭＩＴ、ハーバード大学、そしてカーネギーメロン大学などです。民間企業ですと、マイクロソフト、グーグル、アドビあたりが強いです。ヨーロッパの中では、ドイツのベルリン工科大学、フランスの国立情報学自動制御研究所（インリア）そしてスイスのチューリッヒ工科大学あたりが強いと認識しています。最近は、マイクロソフトの研究所が北京にできたので、そこと学生の行き来も結構あります。

このような中、私の研究分野との関連で一番問題なのは、日本国内でソフトウェア産業がきちんと育っていないことです。一見、ソフトウェア企業に見えても、ソニー、日立、富士通といった大企業はみなハードウェアの会社が母体となっています。一方で米国は、マイクロソフト、アドビ、ディズニーといったソフトウェア・コンテンツ系の大企業があり、研究開発にもしっかり投資しています。これはソフトウェアの研究基盤強化という意味で彼らの大きな強みとなっています。

中国の研究レベルは伸びている

中国の研究レベルは非常に伸びています。自分に近い分野では、もう日本は抜かれているのではないかと感じるほどです。私が関連する分野のトップカンファレンスにあたる、コンピュータ・グラフィックスの国際学会では、中国からの報告や論文は一九九〇年代恐らくほとんどなかったと思いますが、最近はかなりの割合が中国からのものとなっています。

モチベーションに日中で差がある

中国などの学生に比較すると日本の学生はやる気がないといわれたりもしますが、私は日本も米国も中国も、学生は国籍を問わず頑張っていると思っています。しかし中国では、頑張って勉強して良い成果を出した場合とそうでなかった場合とで、人生が大きく違います。年収にすると、十倍、百倍のオーダーで違いが出る可能性があるのです。一方、日本では、トップカンファレンスで発表しようがしまいが、企業の採用試験や入社した後の給与・処遇に大きく影響が出るとは考えられません。能力が同等であるとすると、このモチベーションの差が大きな違いとなるはずです。良い成果を出したらリターンを得られる、そのような環境づくりが日本にも必要なのではないでしょうか。

（二〇一四年二月一三日　午後、東京大学にて）

バークレーで博士号取得の後、母校の慶大からオファーがあり、独立した研究室を主宰することを条件に帰国しました。

慶応義塾大学　伊藤　公平

慶応義塾大学　理工学部物理情報工学科　教授
伊藤　公平（いとう　こうへい）

一九六五年、兵庫県生まれ。八九年慶応義塾大学理工学部計測工学科卒業、九四年カリフォルニア大学バークレー校材料科学科博士課程修了、米国ローレンスバークレー国立研究所客員研究員、九五年慶應義塾大学理工学部助手、九八年同専任講師、二〇〇二年同助教授、〇七年同教授、国立情報学研究所客員教授（兼務）、東京大学客員教授（兼務）。

原子一個一個で計算を行う究極のシリコンコンピュータの実現に挑む。量子力学に支配される原子による計算装置は、量子コンピュータという全く新しい計算機であり、シリコン量子コンピュータの実現に係る様々な研究に取り組む。

受賞は、日本ＩＢＭ科学賞、日本学術振興会賞ほか。

●研究者を志した動機と研究テーマ

米国留学で研究の面白さに目覚める

慶応義塾大学（慶大）の学部学生のときに、装置を使わせていただく目的でソニーの研究所に出入りしていました。そこに半導体分野で世界的にも有名な研究者がおられ、その方から「研究のいろは」を教えていただきました。そして、その方と共に研究をしていたということが評価され、カリフォルニア大学バークレー校の大学院に入ることになりました。

大学院進学の際には研究者になるつもりは全くなく、米国に行って英語だけの環境の中で色々な人と交渉する能力などを身につけたいと思い留学しました。将来民間企業で働くためのスキルアップとしか思っていませんでした。しかし、いざ留学してみたら研究が面白くなり、博士課程まで進学してしまいました。特に、研究活動の中で何かを発見をした時に、「世界中でこの真理を知っているのは自分だけである」という瞬間をたまらなく面白く感じたのです。

慶大に帰る際父親の猛反対に会う

バークレーで博士号を取得した後の二八歳の時、学部時代を過ごした慶大から助手のポストのオファーがあり、ＰＩとして独立した研究室を主宰することを条件に帰国しました。二八歳でＰＩになるのは当時異例でした。

ＰＩにこだわったのには理由がありました。博士号取得後日本に帰国して慶大の助手になることを、父から強く反対されたためです。父は中学校から大学まで米国の学校を出ているため、日本に閉じこもることを是とするタイプではありません。米国で良い成果を出しドイツなどの研究所から招聘が来ているのに、何故大して研究費も無く優秀な学生も多くない日本に帰ってくるのか、研究者としてよくないのではないか、と随分反対しました。そこで慶大の関係者に、小さい部屋でもいいからＰＩにしてほしい、研究資金はそんなに要らないと要請したところ、ＯＫだといわれました。慶大理工学部には慶大出身者が教員として多すぎるので、外で学位を取った人をこれから採用しなくてはならないというプレッシャーが当時あったようです。

研究者を志したのは、日本から世界に通用する人材を送り出したいという動機もありました。米国の大学で出会った人々は皆優秀ではあったものの、母校である慶大にもこれに匹敵する優秀な人材がいると思いましたが、こと研究の成果となると米国には負けてしまうのは何故だろうとの問題意識を持ったためです。これは世界で活躍する日本人が少ないからだと結論付け、トップレベルの人材を世界に輩出するには、自分自身も研究で最先端を走らないと実現できないということに気付きました。

日本から世界に通用する人材を出したいという点と、ＰＩで処遇されるという点を父に伝えて納得して貰い、漸く帰国して慶大で研究を始めることができました。

●日本の研究環境

研究環境に恵まれた分、装置に頼りがちな日本

一九九五年から二〇〇五年頃に設置された日本の研究設備・装置は、世界的にも抜群に良いと思います。この時期一気に研究基盤への投資が加速され、日本の研究装置・機器は欧米よりもずっと良くなりました。バブルが崩壊した後、内需拡大ということで一九九五年頃から大学・研究所の資金が増加しました。一九九〇年代末には科学技術基本法が制定され、第一期科学技術基本計画が始まったため、我々の大学も一気に基盤整備が進みました。

私は現在四八歳ですが、私たちの世代が一番この恩恵を受けたと思います。米国に留学した時の経験では、実験装置はおろか研究室の机まで取り合いでけんかに近い状態でした。これと比較すると、現在の日本の研究装置や機器は本当に恵まれています。しかしその分、米国はアイディア勝負であり、日本はどちらかというと装置に頼る傾向が見られます。

日本のファンディングで融通が利かなくなってきている

米国から帰国し、研究室を総括するＰＩとなった際、ＪＳＴのさきがけに採択されました。

さきがけ研究では、領域代表をはじめ刺激的な方々と多く出会うことができ、彼らとの交流やディスカッションで鍛えられ自分自身を伸ばすことができたと実感しています。その後、やはりＪＳＴのＣＲＥＳＴにも採用されました。

この時期のファンディングは比較的融通が利くシステムだったと思います。良い成果が出た場合には追加的に研究費が来たこともありますし、国際会議などで世界を飛び回る費用も捻出できました。それに比較すると、現在の若手には随分ギシギシとした規制があると聞きます。一人か二人研究費の使い方で悪い人が出て、それを取り締まるため多くの研究者たちに大きな労力を求める状況になっており、大変な時代になったなと思っています。

ファンディングでの問題として、米国やヨーロッパの競争的な研究資金には人件費が入っていますが、日本はそうでない点です。例えば、科研費は研究費であって雇用費ではないという理由で、学生をフルに雇用できません。学ぶために来ている学生を、教員が研究のためとはいえこき使ってはいけないという考え方です。慶大でも学生は博士課程でも二十八時間までしか働いてはいけないことになっています。

悪平等の問題もあります。文部科学省の二一世紀ＣＯＥ、グローバルＣＯＥ、リーディング大学院等の資金を取ってきても、その資金は大学全体で共有され、やる気や成果に関係なく均等に配分されており、平等主義、社会主義そのものです。この辺を世界標準にしていく必要があると思います。

教育と研究こそが大学のミッション

私は基礎研究の分野に携わっているということもあり、産学連携は積極的には行っていません。一回だけＪＳＴの「産学共同シーズイノベーション化事業[注21]」で、半導体先端テクノロジーのコンソーシアムを組み、シミュレーターの開発を行ったことがあるだけです。

スタンフォード大学の先生方とも良く話すのですが、大学では研究と教育が大事な仕事であり本業をおろそかにしてはいけない、と彼らはいいます。大学側から無理に産学連携をやろうと思うのは良くないという見解で、私も同じ意見です。スタンフォード大学は産学連携のメッカといわれているので誤解されがちなのですが、彼らの産学連携活動は大学側から積極的に持ちかけているのではありません。卒業生が「こういう会社を作りたいから技術について教えてほしい」と大学に相談に来て、指導していくうちにインタラクションができて、結果として産学連携につながるという正のサイクルができているだけなのです。このようなインタラクションがベースにあるからこそ、先生側が「これをやりたいなら、お金を持ってこい」などとうるさいことを企業に対していえる関係になるのです。これが産学連携のあるべき姿だと思います。この意味で、国が出口志向の科学技術・イノベーションを強調しすぎる最近のトレンドには疑問を感じてしまうことがあります。

外国の大学に積極的に学生を送り出す

日本の大学における人材育成は、改善すべき点があると感じます。米国の大学院では、修士課程の段階で非常に難しい課題が与えられ、博士課程を含む五年がかりで背伸びともいえる研究に取り組ませています。一方、日本では二年間で修士課程を卒業させることが重要で、それに見合うような課題しか出しません。そうすると研究での伸びが大きく違ってきます。

そんなこともあり、また元々研究者になったのが世界に通用する人材を育成することが目的の一つでしたので、私の研究室の学生を積極的に海外に送り出しています。これまでに、当研究室から二〇人近くが米国の大学院に修士課程から留学しています。このように、何人かの仲間が海外に出て活躍すると、日本に大学院に残って進学した同期と連絡を取り合うので、結果論ですがお互いに良い刺激を与え合う相乗効果が生まれていると感じます。また、伊藤研究室に行くと海外留学に行き活躍できるという口コミもあり、博士課程への志望者も増えました。

また、評価制度については、日本の大学は雑用が多すぎるため、研究以外の側面も見ていくことが求められます。雑用等の作業は研究と違ってすぐに結果が出るので、仕事をしたという気分になりがちで中毒性があるのですが、研究の本質ではありません。我々に本当に求められている仕事は何なのかを考えて、人事・評価制度をきちんと整備することが必要だと感じます。

●国際動向と日中協力

米国やヨーロッパと積極的に協力

海外と研究協力をしていますが、目的に応じてパートナーを組み替えていくため、協力相手はダイナミックに変化しています。良いお話があれば、どの国の方とでも連携していきたいと思っています。なおすでに述べたように、米国やヨーロッパでは日本と違って研究費に人件費が入っています。日本では、国の予算で学生を雇うことが難しく、これが良い人材を確保する上でネックとなります。欧米では、給与を払えなければ良い学生は来ません。

米国は、二〇年後のキープレーヤーやエリートとなる人材を、世界中から集めています。世界から集まった多様な人々が研究室を共にし、実験装置を取り合いながら交渉しつつ仲良くする術を身に着けるプロセスを踏むことで、将来の共同研究パートナーとなる人間関係を構築しています。一方、ヨーロッパの研究者は本当に科学が面白くて研究している人が多く、協調しやすいという特長があります。

日中協力は自然体で

中国は、そもそものマスが大きいというのが強みです。日本をはじめ相対的に規模が小さい国がどんなに頑張っても、対抗するには限界があります。また、中国に限ったことではありませんが、東アジア圏の研究者で良いポジションにいる人の多くは、米国で鍛えられています。彼らは今後とも活躍すると思います。

科学技術は万国共通のものです。協力は意図的なものではなく、ある研究者がこんな技術を持っておりその人がたまたま中国にいるから協力をするという風に自然にできるものだと思っています。その前提で日中協力をどんどん進んでいくべきだと思います。

（二〇一三年一〇月二五日　午前、慶応義塾大学にて）

【注21】大学や公的研究機関の基礎研究に着目し、産業界の視点からシーズ候補を顕在化させ、共同研究によってイノベーションの創出に繋げることを目的とする事業。

同世代の外国人研究者との議論が研究のヒントとなり、ブレイクスルーにつながりました。

東京大学　岩田　覚

東京大学　大学院情報理工学系研究科　教授

岩田　覚（いわた　さとる）

一九六八年、愛知県生まれ。九三年東京大学大学院工学系研究科計数工学専攻修士課程修了、九四年京都大学数理解析研究所助手、九六年同大学理学博士号取得、九七年大阪大学大学院基礎工学研究科講師、九九年同助教授、二〇〇〇年東京大学大学院工学系研究科計数工学専攻助教授、〇六年京都大学数理解析研究所助教授、〇八年同教授、一三年東京大学大学院情報理工学系研究科数理情報学専攻教授。

数理工学全般における基礎的諸問題の解決、特に離散最適化及び離散数理工学に取り組む。受賞は、日本ＩＢＭ科学賞、ファルカーソン賞ほか。

●研究者を志した動機と研究テーマ

中学時代に受けたレクチャーに惹かれ数学の世界へ

中学、高校時代に、「勉強とは自ら調べ自ら考えることだ」と教わりました。この影響を強く受けたため、私は極めて研究志向の強い人間となり、勉強すること自体を研究に近い概念で捉えていました。

東京大学（東大）で数理工学を選択した経緯は、中学時代にさかのぼります。東大の修士課程の学生だった宇澤達先生（現名古屋大学教授）が、私のいた中学校に一年間、幾何の授業で来られたことがありました。これが非常に面白くて数学にハマってしまい、それから数学に関係した本を自分で読むようになりました。ちょうど大学受験の頃に、甘利俊一東大名誉教授が書かれた情報幾何学に関する文章を読んで数理工学に興味を持ちました。東大の教養学部のときに、数学だけにとらわれずもっと広く勉強をしようと心がける中で、数学をベースに「その応用」を行うことに興味を持つようになりました。学科を選ぶときにこの点が頭にあり、純粋数学だけの理学部数学科ではなく、少し幅のある工学部計数工学科数理工学コースに進学しました。

修士論文は、制御工学に近い分野で行列理論に関連する研究をテーマに選びました。修士課程を修了した後に、博士課程に行くか就職するかは悩みました。博士課程に進学して経済的に大丈夫かどうかが問題でした。幸い、ＪＳＰＳの特別研究員（ＤＣ１）に採用され、さらに一年後には京都大学（京大）の数理解析研究所の助手に採用されましたので、経済的な問題に悩むことなくアルゴリズム関係の研究を続けて、博士論文を仕上げることができました。

同世代の海外研究者とのディスカッションがブレイクスルーのきっかけ

京大で助手を務めた後、大阪大学の講師となりました。配属の研究室の藤重悟教授は、一九七〇年代より劣モジュラ関数に係る研究をライフワークとして取り組まれていました。藤重研究室のテーマは、私の取り組んでいた課題とダイレクトにつながるものではなかったのですが、海外の学会で知り合った同世代の研究者を日本に招いてディスカッションする中で、藤重教授の追究されていたテーマの突破口となるアイディアを得ることができました。これが、「離散最適化における劣モジュラ関数最小化アルゴリズム」研究のきっかけとなり、日本ＩＢＭ科学賞やファルカーソン賞につながりました。正面からアタックせず、直接答えには結びつかないがそれに近い問題を解く形で研究に取り組んだことが功を奏したのだと思います。

●日本の研究環境

研究の性格上設備などには不満はないが、テクニシャンには課題がある

数理工学は、工学部には珍しく大きな装置や施設を必要としない分野です。せいぜいパソコン程度で対応できます。したがって、現在の東大での研究施設や設備には不満はありません。

一方、研究補助体制には、色々思うところはあります。テクニシャンが不十分で、計算機の管理などの仕事のために組織ごとにちゃんとした人がいるべきだと思いますが、研究室のスタッフがケアせざるを得ない状況です。研究室のスタッフには、本当はもっと研究教育に集中してもらえたらその方がいいかもしれないと思います。

お金が必要な研究ばかりがクローズアップされる制度に疑問

私の研究は、科研費、そして民間財団が主な資金源となっています。私の研究分野は特殊で、定常的に実験用の資金がいるわけでなく、最も重要なのは海外の研究者とディスカッションを行うための渡航費なので、比較的少額のファンドで十分です。ＪＳＴのＣＲＥＳＴにチームメンバーとして参画していますが、これは資金獲得が目的ではなく、内容に関心を持って係りました。

日本のファンディング・システムは、比較的リーズナブルだと思っています。自分自身、三〇歳のころに米国で就職しようかと考えたことがありますが、米国で研究費を獲得し続けることは極めて困難であると聞き日本に残りました。

国立大学などの基盤的経費を絞って競争的資金を拡充するという現在の流れについては、疑問に思っています。この仕組みは、研究資金が必要で、かつ資金があることにより研究が進む分野にとっては良いのですが、私の研究のように資金の必要性を主張しにくい分野は細っていくのではないかと危惧するためです。

違うコミュニティの研究者との交流が重要

人材育成には、どれだけ独立した発想ができる自立した研究者を育てられるか、という点が極めて重要です。しかし、同じコミュニティの中にいると発想が似てくるので、段々行き詰ってしまいます。発想を広げるには、海外の研究者など全く違うコミュニティの人とディスカッションを行うことが極めて重要です。

私自身の経験でいうと、カナダのフィールズ研究所のスペシャルイヤーという企画で、一九九九年に四か月間カナダのトロントに滞在する機会に恵まれました。フィールズ研究所は、毎年トピックを決め、そのテーマに関心のある研究者を募集・採択し、一定期間呼び寄せているのですが、そこに招聘されて行きました。当時は、私が先に申し上げた研究成果を出した直後であったため、色々な方にすぐに迎え入れていただくことができ、良い経験となりました。更にいうと、日本を離れることである種の自由を感じたり、外国の研究者がどのようなロジックで研究しているかを知ることができたりしたのも大変勉強になりました。

現在、自分の研究室では学生に対して積極的に海外に行くことを奨励していますし、できるだけの資金面での支援も行うよう心がけています。

今の若手研究者には自由がない

今の日本では、若い研究者のポジションの多くが任期付きとなっています。この仕組みは、人材流動を促し違うコミュニティと触れ合う機会を増やすという意味ではいいのですが、学位取得直後の重要な時期に独自の研究テーマをじっくりと時間をかけて追求しにくい状況ができてしまっているという点で問題だと思います。

大学院教育にも課題があります。私は、大学院重点化が始まる前に大学院を終えたので、上からテーマを指定されることなく自由な風潮の中で、自らの関心に基づきテーマ選択を行ってきました。リスクを負える学生時代に、自ら考えテーマを選択するということを試せたのは非常に良かったことと思っています。今の環境では、若者にこのような自由を与えることが極めて難しいです。

結果として、学生が研究者になるモチベーションは下がりますし、研究者となった後も二〜

三年しかない任期付きのポストにいることは非常なストレスになっています。とりわけ二〇代後半の女性研究者にとっては一層厳しいものがあります。トップを育てる研究資金ばかりでなく、若手やポスドクを育てるための資金の拡充が必要と感じます。

多くの研究費を獲得する人が必ずしも良いとは限らない

私たちの教室で研究者を採用する場合、その人の論文を読むだけでなく、研究以外の面も多角的に評価し、ふさわしい人かどうかを真剣に判断しています。この判断は、自分たちの学問に対する見識が問われる部分であり人からも見られる点なので、厳格に審査しています。難しい面もありますが、目的はシンプルです。

一方研究者の業績評価は、視点によって優劣が変わってしまいます。例えば、アウトプットが同じとして、研究費を多くとる人と少ない人とで、どちらを高く評価するべきでしょうか。コストパフォーマンスが良いのは明らかに後者ですが、大学の経営にとっては前者の方がより多くの間接経費を稼げるので良いという考え方もあり得ます。この辺の矛盾を理解した上で評価設計を行うことが必要なのではないかと感じてしまいます。評価を行うからには何か目的があるわけで、その目的に対して合理的な判断が行われることが重要です。単なるランキングのために評価を行うのは良くないと思います。

●国際動向と日中協力

日本は現場力が強いが故にシステム化に弱い

私が属する分野では、日本の研究者層は劣モジュラ最適化等の一部の分野で厚いものの、離散最適化全体となると弱いという状況にあります。また、これらの理論を応用しシステム化していくことについては、日本は現場力が強いが故に弱いのではないかと危惧しています。鉄道を例に取ると、日本は現場が優秀なため人手で過密なダイヤを組むことができてしまうのですが、欧州ではこれが難しいので最適化手法を用いて運行スケジュールを組んでみようという発想が出てきます。これが、システマティックな数学的手法を応用するモチベーションとなっています。今は、まだまだ有能な人が組んだダイヤに追いつけていないかも知れませんが、これを突き進めると、いつか日本の現場力を抜く日が来てしまうのではないかと危惧しているところです。

ハンガリーと持ち回りシンポジウムを開催

競争相手は基本的に米国ですが、ヨーロッパでもいくつかマークしている国があって、ハンガリー、オランダ、英国等の動向に興味を持っています。なかでもハンガリーの研究グループとは、一九九九年から離散数学とその応用に係るシンポジウムを二年に一回日本とハンガリーとで持ち回りで開催しています。回を重ねていく中で共同研究がどんどん生まれてきており、継続して良かったと実感しています。

単なる日中友好でなく明確な目的で日中協力を

中国については、少なくとも離散数学関係の分野で中国の研究者の名前を聞いたことはありません。しかし、少し離れた分野である計算機科学や連続最適化等の分野には、研究者がそれなりにいます。中国には優秀な学生はたくさんいますが、中国国内で博士を育て、世界で通用する人材として活躍できる状況となるには、もう少し時間がかかると思います。日本では国民が科学技術を信用し、そこに資金を投入することをいとわない、そして良い成果が出たら喜ぶという文化が定着しつつあります。中国も、今後この方向を目指すことになると思います。

日本は中国を含め、もっと外国人留学生を大学に受け入れなければならないと思います。そして、単なる日中友好ではなく、何のために協力するのかという明確な目的をもって協力することが重要と思います。

（二〇一四年二月一二日　午後、東京大学にて）

ハンガリー人の放浪の数学者ポール・エルデシュ博士にあこがれ、研究者の道へ進みました。

国立情報学研究所　河原林　健一

国立情報学研究所　情報学プリンシプル研究系　教授
河原林　健一（かわらばやし　けんいち）

一九七五年、東京都生まれ。二〇〇一年慶応義塾大学大学院理工学研究科博士課程修了、理学博士号取得、米国バンダービルト大学客員研究員、〇二年プリンストン大学客員研究員、〇三年東北大学大学院情報科学研究科助手、〇六年国立情報学研究所情報学プリンシプル研究系助教授、〇九年同教授、一二年ＥＲＡＴＯ「河原林巨大グラフプロジェクト」研究総括（兼務）。

離散数学、中でも「グラフ理論」及び「理論計算機科学」の領域において、最適な計算法を考える「アルゴリズム的グラフ理論」の研究に取り組む。

受賞は、文部科学大臣表彰若手科学者賞、日本ＩＢＭ科学賞、日本学術振興会賞、日本学士院学術奨励賞ほか。

●研究者を志した動機と研究テーマ

ポール・エルデシュの主張がきっかけで研究者へ

正直なところ自分が何故研究者を目指したのか、その理由はあまり良く覚えていません。自分が学生時代に学んだ数学のグラフ理論の領域では、ハンガリー出身で米国のプリンストン大学やノートルダム大学で教鞭を取ったポール・エルデシュ博士という研究者がいます。変人であり、また放浪の数学者として有名です。

このエルデシュ博士が主張された「優秀な人がいたら、基礎力云々はさておき、まずは世界トップに通じる課題を与え、それで論文を書かせることで若手をエンカレッジすべき」という方針は、私の学生当時の研究室のモットーでした。担当の先生から、最初のきっかけとして課題を与えていただき、たまたまそれがうまく解けたのです。しかし、その内容を論文にまとめようとすると、基礎力の不足を痛感しました。基礎力のなさを克服するために必死に勉強しました。そして、このサイクルがうまく回り始めた頃には博士課程が終わりかけていました。今から考えると、自分が如何にものを知らないかを認識したことが、研究者になるきっかけであったように思います。

博士号を取得した後、研究者になるのであれば、まずは世界トップレベルのところを見てきたいとの思いがあり、エルデシュ博士がいたこともあるプリンストン大学に留学しました。そこでは、例えばアインシュタインのいた高等研究所などは、四六時中世界トップレベルの研究者が行き来しており、そのような人々と接したことが非常に良い刺激になりました。私の場合、最初のきっかけは上の者が与え、その先は「自分でやる」ということがポイントであったように思います。

ブレイクスルーはまだこれから

私は、まだ研究についてブレイクスルーできていないと思っています。ブレイクスルーには長年の懸案が解決する場合と、全く違うものがつながる場合の二通りあると認識しています。数学はどちらかというと前者が重要ですが、情報学の世界は新しい道具をどう持ち込むかがポイントとなるので後者が重要です。

私がいただいたＩＢＭ科学賞は、コツコツと積み重ねてきた数学の成果でいただいたものなのですが、自分が持つ数学的バックグラウンドをどうＩＴの世界に持ち込むかが、現在自身に課している課題なので、まだ満足していません。現在は色々なアイディアを試したいと思っている段階です。

●日本の研究環境

自分の研究分野では施設や研究補助は問題がない

我々の研究分野では施設・設備についても大きな問題はありません。しいていうならば、理研の大型計算機施設である「京」等の大規模な共用設備については、ピアレビュー等の仕組みを導入し、日本全体で必要性の高いものに優先的にシェアするとより効率があがるかと思います。

また研究補助についても、あまり問題を感じません。

ERATO資金を若手人材育成に

私の研究資金は、現在はJSTがメインとなっています。大学院の学生の頃は、科研費の特別研究員として給与及び百万円程度の研究費をいただいていました。これは学生にとっては十分な額でした。米国から日本に帰国した後は、科研費と民間の資金で研究を行っていました。二〇一二年にERATOの研究代表者となりました。ERATOは、今までやってきた自分の研究成果が評価されて、その部分をさらに伸ばしていこうという形でお金をもらっているので自分の研究推進のためにも必要ですけれど、自分の理想にも使いたいと考えました。そこで、センター的な組織を作り、若手を中心とした人材育成にも資金を投じています。

日本のファンディング・システムについては、科研費の額は伸びていますし、用途も出張など比較的自由に使うこともできますので、特に大きな問題は感じていません。ＪＳＴやＪＳＰＳの場合、研究を進める中で計画変更を行う必要が出てきても、成果が出れば良いという柔軟な考えを持っていて、研究者をリスペクトする姿勢が明確である点に感謝しています。もしも、「提案書＝契約書」のように硬直的に扱い柔軟に計画変更できないとなると、研究者としては大変です。

基礎と応用の橋渡しに課題

基礎と応用の橋渡しがないことは、日本の問題点と認識しています。基礎の研究者が応用に取り組もうにも、論文等の成果が得られないのでインセンティブが働きません。一方、応用側の研究者は基礎研究者の言葉を理解できないので、両者のギャップが埋まりません。また日本の主要な民間企業も、研究開発のうち「開発」しか行っていないのが現状です。一方、米国企業（グーグルやマイクロソフト等）は基礎研究の重要性をきちんと認識しています。若いうちに基礎研究の体力をつけておき、応用分野にタックルする人材を育成することが必要だと思います。

産学連携で米国に水を空けられている

我々の研究分野は、グーグル、マイクロソフト、スタンフォード大学、ＭＩＴ、カリフォルニア大学バークレー校等、主として米国にライバルが多いと認識しています。すでにグーグルやマイクロソフトは、米国の有力大学と密に連携しており、他者の入り込む余地がない状況となっています。米国企業にはアカデミアに対するリスペクトがあり、アカデミアもそれに見合う報酬を得るのでウィン・ウィンの関係となっています。例えば多くの大学にビル・ゲイツの名を冠したビルがありますし、マイクロソフトはこれらの大学から優秀な学生を採用しています。

日本ではそのような風土がない点に、産学連携の難しさを感じています。日本の場合、企業との連携には課題があります。例えば、企業にとってデータは財産であり、研究目的であっても我々のデータ利用の範囲が限定されてしまいます。また、企業と国立情報学研究所（ＮＩＩ）との間で契約を交し共同研究する場合には、機密の保護の観点からＮＩＩ雇用の者しかプロジェクトに従事できず、ＮＩＩに来ている東大の学生をメンバーに入れることができないといった問題もあります。さらに、日本の民間企業といっても情報関連の場合には外資系の企業が多いのですが、この外資系企業と共同研究しようとする場合には、日本にある現地法人ではなく本社との契約を交わすことを求められます。その際、本社の発言力が強く融通が利かない点に、共同研究の難しさを感じています。

日本の大学の博士教育が課題

日本の学生は、修士課程までは間違いなく世界トップレベルだと思います。しかし、博士課程で大きな差がついてしまうのです。日本の博士課程の学生で世界にビジブルな仕事をしている人はほとんどいません。プリンストン大学時代の経験等を踏まえてその原因を考えますと、まず、米国のトップ研究者はほぼ全員が大学院生等の若い人と共に研究を行い世界トップの知見を若手と共有している点が、日本と大きく異なります。世界でいい仕事をしている人たちを間近で見る機会がないことが、日本の問題点と考えます。

そこで、現在私が実施しているＥＲＡＴＯのプロジェクトでは、意識的に若手と組んで仕事をするように心がけています。ただし、この方法は、学生時代には良い成果を出せますが、卒業後に独り立ちできずに消えていく若者が多々いる点を留意することが必要です。

研究者となった後も、人事評価制度に工夫が必要と感じます。やらない人たちをやらせるために管理型の人事評価制度を導入すると、トップの研究者もこれに巻き込まれてしまいます。しかし、トップ研究者はそのような管理をされると嫌気がさして国外に逃げてしまう可能性が高いのです。もしも研究で業績を上げられない研究者がいるなら、教育関連の業務を増やす等、柔軟に役割分担できる仕組みを導入できれば、より全体の効率が上がると思います。

●国際動向と日中協力

次世代のニーズを見据えた国際協力を

我々の研究分野は、データを他国の機関に出すことが難しいので、国際協力を行うには困難をともないます。しかし、恐らくＩＴを使う人数は一〇年後には北米よりアジアの方が多くなります。すると、北米のニーズよりもアジアのニーズの重要性が増すため、これに対応した技術、産業といったものを作っていかなければならなくなるでしょう。このような次世代のニーズを見据えたアジアでの協力は必要だと思います。まずは情報交換やブレーンストーミングあたりから協力を始め、互いの課題を認識していくところから始めるのが良いのではないかと思います。

中国では応用は成果が出つつあるが基礎はこれから

中国の科学技術は、国の経済発展に応じて強くなっています。ただ、数学、コンピュータサイエンスの基礎から応用までを見ると、中国が一番強いのは応用です。なぜかというと、応用は研究資金をかけると強くなるからです。お金をかけても強くならない部分が基礎研究です。例えば、英国はそんなに研究費があるとは聞きませんが、ノーベル賞学者を輩出しています。

ケンブリッジ大学やオックスフォード大学に見られるように、お金だけでは育てられない文化と伝統を持っていることが重要であると思います。中国は一番伸びやすいところにお金を注ぎ込んでいますが、一回頭打ちになると、もっと基礎研究に力を入れなければならないと思う時期が来ると考えています。

将来は北米よりアジアのニーズが大きくなる

一〇年後にＩＴを使う人数は北米よりはアジアの方が多くなり、研究のニーズも北米よりアジアの方が重要となる可能性があるわけです。中国、日本、韓国なども含めてアジアが世界の中心になる時期が来るのであれば、それに応じた技術や産業を創る必要が出てきます。この地域では、中国と日本が科学技術で突出しているので、そういう時代の到達に向けて、二カ国が真面目に協力する必要があると思います。

最初は情報交換とかブレーンストーミングなどを行い、それで課題というものを見つけて、共同研究につなげていくということだと思います。

（二〇一三年一〇月一八日　午前、国立情報学研究所にて）

若い時期に、どうやって面白い研究をするかを必死で考えたことが、大きな成果につながりました。

東北大学　齊藤　英治

東北大学　原子分子材料科学高等研究機構　教授

齊藤　英治（さいとう　えいじ）

一九七一年、東京都生まれ。九六年東京大学工学部物理工学科卒業。二〇〇一年同博士課程修了、工学博士号取得、慶應義塾大学理工学部物理学科助手、〇六年同大学物理情報工学科専任講師、〇九年東北大学金属材料研究所教授、一二年同大学原子分子材料科学高等研究機構教授（兼務）。

物性物理学分野で、特にナノ系の量子物性、スピントロニクス、強相関系の量子物性、磁性物理、光物性に重点を置いた研究を行っている。

受賞は、文部科学大臣表彰若手科学者賞、日本学術振興会賞、日本学士院学術奨励賞、日本ＩＢＭ科学賞ほか。

●研究者を志した動機と研究テーマ

幼い頃から科学者にあこがれる

私は小さい頃から理科や物理が好きで、科学者になりたいと思っていました。東京大学（東大）に入り物理を勉強したいと思いましたが、学科選択の際、理学部物理学科に行くか工学部物理工学科に行くかで迷いました。最初は宇宙物理などの基礎物理に興味を感じましたが、最終的には、固体物理にも興味を持ち物理学の領域の研究に取り組み日本の産業を活性化させたいと考え、工学部の物理工学科に進学しました。

潤沢な研究費を持つ研究室と研究費のない研究室を両方経験

工学部の物理工学を選んだのは固体物理に興味があったからですが、その中でも一番惹かれたテーマが磁性の研究でした。研究室のヘッドは、電子型高温超伝導体の発見や酸化物巨大磁気抵抗効果の発見等で有名な十倉好紀教授で、研究資金は潤沢でした。十倉先生からは、科学に取り組む最も大切な考え方を学び、その後の指針になっています。

博士号を取得した後、ナノテクノロジー研究に興味を持ち、ナノテクノロジーと物理の分野で研究ができるポストを探したところ、慶應義塾大学（慶大）で助手を公募していたので、応募して採用されました。研究室のヘッドは宮島英紀教授でした。学生時代は、成果が出そうな研究であればそれこそ研究費を自由に使って好きなだけ研究しなさいという状況だったのですが、助手の時代は本当に研究費が無く、どうやって面白い研究をするかを必死で考えました。宮島先生には研究に対する一種のフィロソフィーや情熱があり、研究費に事欠く状況でしたが優秀な研究者が集っており、その後成果を着々と収め慶大の中でも大変有名な研究室となりました。

研究資金が少ない中、研究者はその時の環境に応じてベストの研究をするべき、という考えにたどり着きました。流行に左右されずじっくりと物事を考える時間があったのが、後に大きなチャンスを産み出しました。この時に何年かかけて暖めていたテーマを、講師として独立した二〇〇六年から取り組み、すぐに「スピン流が計測可能だ」ということを明らかにすることができました。これにより、スピントロニクスの分野の中でも「スピン流の物理」を世界で初めて切り開けたことが大きなブレイクスルーとなりました。

●日本の研究環境

民間企業に最新鋭の研究環境がなくなってきた

日本の研究施設・設備は、世界的に見ても平均として良いと思います。

問題もあります。私は、大学、国立研究所（国研）、民間企業にそれぞれ研究ポテンシャルがあって、全体として大きな研究に取り組むのが理想だと思っています。しかし、一昔前と違って最近は、日本の企業がだんだん研究を重要視しなくなっている気がします。一昔前まではは国内企業の一部が常に世界最新鋭の設備を持っていたのですが、現在はそういう状況ではありません。同様に、最先端の基礎研究が大学や国研でしかできなくなっています。米国などを見ていると、まだ民間企業に力があり、米国の大学は最先端の研究ができる人材を保有しています。

研究管理などの研究補助体制にも問題があります。日本にはテクニシャンがいません。特に若手研究者が大型資金を獲得すると、機器の維持・管理に苦労します。ドイツなどでは、研究者が研究に専念できるよう機器のメンテナンスを専門とする要員が確保されています。

競争資金採択の際の評価のプロがいない

私の研究資金は、ＪＳＴ（さきがけとＣＲＥＳＴ）、科研費、民間資金の順に多いです。科研費は幸い十年以上継続的に獲得できています。民間資金については、コンプライアンスの関係で件数が減ってきており、寄付金の額も減っています。しかし、民間から大学への資金の流れは少ないかも知れませんが、今は産業界が苦しい分、大学と連携して研究しようという機運が出てきています。お金のやり取りをともなわない連携はしやすくなってきていると感じます。

日本のファンディング・システムの課題として感じるのは、採択の際に評価を行うプロが育っていない点です。欧米では評価にお金を使うし、評価専門の人材も育成しているのに対し、日本では多くの研究者の意見を聞いて平均値を取るだけとなっています。審査が甘い分、認知されていない研究者にも広く資金が行き渡り、若手にもチャンスが回って来やすいという良い面はあります。実際若手への投資は世界的に見ても高いと思います。むしろ、中間層の研究者への投資が少ないと感じます。

一方で、成長中の若い研究者に過度の研究費を配分することで、逆に研究や成長の時間を奪っている例が散見されます。成果を挙げる若手もいますが、逆にスポイルされて駄目になる研究者も多くいます。若い人に、研究はアイディアやオリジナリティではなく、如何にうまくプレゼンするかにかかっていると誤解させる現状も良くないと思います。

人材育成をもっと強化すべき

人材育成は難しい課題ですが、人を育てることを重視し、若手への研究資金ではなく若手を育てることにもっとお金をかけるべきだと思います。今の若手を見ていると、日本では才能ある人材が研究者の道を選ばなくなっている側面もあり、底上げが必要と感じます。

米国は世界中から人材を集め、英語で研究ができるので特殊すぎて真似しがたい面がありま す。日本にとって参考にしやすい国はむしろ、ドイツとフランスだと思います。ドイツは大規模なグループを作って講座の中で役割分担をしながら研究を進めています。フランスは大規模グループと小規模グループを両立させて、それぞれの良さを発揮させています。

研究者の評価や成果の評価については、論文のサイテーションなどをベースとした量的な評価が少し減ってきたことはよいことだと思っています。やはり人を育てる観点からの評価を行っていくことが重要で、そういった眼で評価ができる研究者を育成していく必要があります。

●国際動向と日中協力

日独がリードする分野だが中国も今後の伸びが予測される

私が専門とするスピントロニクス・磁性物理の領域は、日本が大変強く、ドイツも強いと思います。ドイツとは、ミュンヘン大学やフランクフルト近郊にあるカイザースラウテルン工科大学等と共同研究を行い、人材の行き来もしています。

中国については、復旦大学からの留学生が来ており、伸びてきているのを感じます。復旦大学の学生は良く勉強します。復旦大学の上位の学生を日本の学生に混ぜると、迫力という意味で日本の学生はとても太刀打ちできないこともあります。

今はオリジナリティに欠けるが将来逆転も

中国の研究レベルについては、現時点ではまだオリジナリティが足りない面もあります。例えば、日本で発見された鉄系超伝導研究の成果の周辺を素早く固めることはできるのですが、最初の第一歩となる発見をする人材を多く輩出できるかというと、まだまだなのではないかと見ています。しかし、中国の若手人材はきちんと勉強しており理解に深さがあります。物理学は、いかに深く物事を理解しているかが重要な学問なので、この面で中国が飛躍的に伸びるポテンシャルが高いと思います。中国の方が人数は多いので、同時にスタートすると間違いなく日本は先を越されるでしょう。

中国とは、当然協力すべきであり、良い関係を構築することが必要だと思います。それなしには、日本は将来アジアの中で後れていくと思います。

（二〇一四年一月二〇日　午後、東北大学にて）

最大のライバルはグーグル。ウェブと人工知能なくして、未来の日本産業はないと思います。

東京大学　**松尾　豊**

東京大学　大学院工学系研究科　准教授
松尾　豊（まつお　ゆたか）

一九七五年、香川県生まれ。九七年東京大学工学部電子情報工学科卒業、二〇〇二年同大学院博士課程修了、博士（工学）取得、産業技術総合研究所研究員、〇五年スタンフォード大学客員研究員、〇七年東京大学大学院工学系研究科技術経営戦略学専攻准教授。

人工知能とウェブ、ビジネスモデルの融合領域として、ソーシャルメディアのデータ分析や知の構造化、ウェブが人々心理的欲求、ひいては社会や経済にどういう影響を与えるかについての研究を行っている。

受賞は、人工知能学会論文賞、情報処理学会長尾真記念特別賞ほか。

●研究者を志した動機と研究テーマ

物理と認知の世界にあこがれ人工知能研究へ

私は、小学生の頃から何となく研究者になりたいと思っていました。この思いは、東京大学（東大）受験の頃にははっきりとしていました。これには、伯父の松尾陽博士が東大工学部建築学科の教授であったことも影響していたと思います。父親は医者で、医者は一種のサービス業という感じで大変だなと思い、伯父さんを見ていると研究者が格好良く見えました。

物理が好きな一方で、人間の認知や世界観などの哲学的な分野も好きでした。このため東大二年生の学科振り分けで、物理と人間の認知の両方に関わる人工知能研究室のある工学部電子情報工学科に進むことを選びました。研究室に入った当初は人工知能の古典的な研究テーマに取り組んでいたのですが、二〇〇〇年ごろにグーグルなどのネット系企業が台頭してきたのを目の当たりにするにつけ、先人のいない新しい世界であるウェブの世界に大いなる可能性を感じ、それから人工知能とウェブの交差領域で研究活動を行うようになりました。

東大で工学博士号を取得した後、産業技術総合研究所（産総研）に研究員として入りました。すぐに、ウェブマイニング[注22]に言語処理技術を適用することで、人のネットワークを抽出する試みが成功し、良い評価をいただくことができました。これは、現在の「あの人検索スパイシー」（spysee.jp/）の原型版です。

孤独との戦いだった米国留学

産総研の上司が、スタンフォード大学の人工知能センターのトップと懇意にしていた関係もあり、産総研からスタンフォード大学に客員研究員として留学する機会に恵まれました。

スタンフォードに留学してひたすら教え込まれたのは、「とにかく研究テーマを特化するように」「一流のトップ学会で発表できないと意味がない」の二点です。そこで、これまで研究対象としてきた「位置情報とウェブ」について、位置情報を捨ててウェブに特化することにしました。途中、何度もダメかと思ったのですが、ウェブ関連の国際カンファレンスに論文が通ったことが大きなきっかけとなり、その後、連続的に一流の学会で発表できるようになりました。

米国で頑張れた最大の理由は、個人主義社会の中での孤独との戦いがあったからと認識しています。例えば、向こうに滞在していた二年の間、研究室全体で食事にいったのはたった二回でした。このような孤独な環境にいるからこそ、注目されるために何とか認められる成果を出したいと思いました。この「何とかして認められたい」との思いは大きな原動力です。日本にいる時には考えられないほど詳細に内容を詰め、論文の完成度を高めることができたことが、先に述べたブレイクスルーを支えてくれました。

今でも、スタンフォード大学を中心とした米国の大学や研究機関とは、ディスカッションを行う形で協力関係が続いています。

●日本の研究環境

インフラは良いが、制度が硬直的

日本の研究環境はインフラ面では米国と比較して遜色ない状況にあります。しかし、研究補助体制となると、企業との共同研究のマネジメントを行うプロジェクトマネジャーや、広報などの人材が不足していると感じます。

学内のシステムも硬直的です。知財面では、例えば、私が企業と実施する共同研究する際、ウェブ分野では特許はほとんど意味をなさないのですが、大学側はナノテクやライフサイエンス分野と同様の特許交渉を企業に対して行おうとしてしまいます。また、経理のサイクルが国の研究費を前提とした年度単位のものとなっているため、例えば、市場ニーズにあわせて数ヶ月単位の短期サイクルでコントラクトベースの研究をまわしていくとなると、プロジェクト雇用の人材管理の仕組みが年度単位を前提に設計されているため月単位での変動に抵抗感を示されることが多い等、学内の産学連携のスキームとあわない点が大変悩ましいところです。

国の研究資金には頼らない

かつては私も、国の研究資金であるＪＳＴのさきがけ、ＮＥＤＯの若手グラント、科研費などを獲得していました。しかし、二年ほど前から国の資金ではなく、民間の資金を活用する方針に切り替えました。

転機は、ＩＴのコンサルティングファームとの提携でした。一般に、企業との共同研究で大学側に入る資金は百万円単位であるのに対し、コンサルティングファームの中には、企業から二、三ヶ月で三千万円のコンサルティング料を得ているケースがあります。私が留学していたスタンフォード大学でも、国よりむしろ産業界由来の研究資金の方が多い状況にありました。本来、ＩＴ分野の研究は産業との相性が良いはずなのに、何故、大学とコンサルティングファームとの間にこれだけの金額の差が生じてしまうのについて疑問を持ち、もし研究者の解きたい課題と企業のニーズとのギャップを埋めることができれば民間から多額の研究費を大学に導入できる余地があるのではと考えました。そこで、コンサルティングファームのパートナーと研究室の学生二、三人とが組んだプロジェクトを組成し、企業ニーズと研究課題とがオーバーラップする領域を対象に、共同研究を行う仕組みに切り替えたところ、多額の研究費を出す用意がある企業が出てきたのです。

一番苦労している点は、大学の研究では「成果が出る場合も、出ない場合もある」という点について企業に理解して貰い、大学における研究としてのスタンスを保ちつつ、共同研究費の支出に関して適正な価格付けを行っていくことです。今後は、企業の寄附講座を設置も予定しており、より安定した資金基盤を確立できるものと期待しています。

研究の内容ではなくネームバリューで採択が決まる

日本の競争的研究資金の配分は、有名な研究者に資金が偏っていると思います。年齢とネームバリューで採択が決まっているという気がします。私が専門にしているウェブの世界などは若い人に向いている分野だと思いますが、それでも若手への配分は少ないと思います。これは、過去に獲得した研究資金額で評価されることに起因しています。いったん大きな資金を獲得すると、それ自体が実績となって次の研究費が取れてしまいます。ボスで政治力のある人に資金が集中していることが日本のファンディング・システムの問題です。

日本では、名プレーヤー＝名監督との前提で社会的地位が向上しますが、例えば、評価が厳しいといわれる米国では、研究の本質を見抜く力のある評価者が監督として評価されており、研究実施と評価は全く異なるプロフェッショナリティと認識されています。

市場との接点が学生を育てる

当研究室の研究費のほとんどは、学生に対する人件費として支出しています。これは、学生の自由を買って先生からいわれたテーマを行うことに対する対価であると認識しています。私は、企業との共同研究は昼の研究、自らの好奇心に基づき実施する研究は夜の研究と分けて学生に説明しており、学生の研究テーマと大きく外れないよう配慮しつつ、市場のニーズを学ぶ機会として希望する学生を対象に昼の研究を行わせるようにしています。

日本の研究者育成ですが、日本で博士を出てすぐの学生は、国際的には通用するレベルではなく、ポスドクを二、三年経験してようやく海外の博士レベルに達するというものです。博士号授与の際の審査基準が甘く、審査する人材も少ないのが問題です。若手研究者に対しては厳しい評価体制づくりが必要と感じます。ちなみに、自分の弟子には、機会があればとにかく海外に行くようにとも伝えています。日本全体が停滞する中、日本内で評価されてもグローバルに評価されるとは限らないので、早く外に出てグローバルに活用できる人材になるようにと指導しています。

●国際動向と日中協力

アジアの成長を味方につける戦略が必要

本来、ウェブの分野にはもっと多額の研究開発投資が行われてしかるべきと思うのですが、残念ながら日本の大学での研究者数、研究者全体に占める割合等をみると、極めて少ない状況にあります。産業の状況をみると、日本では、楽天やアマゾンがけん引するウェブショッピングの市場規模は巨大ですし、グーグルやヤフーなどがけん引する検索や広告の市場規模も巨大です。しかし、これら企業が日本の学術コミュニティとあまり良好な関係を築けていないということもあり、企業活動の大きさが学術研究と結びついていません。

この分野は、何といっても米国が強く、特にグーグルは基礎研究をきちんと理解していて、良い研究者をどんどんリクルートしていて、非常に強い企業だと思っています。もし日本という国として考えるのであれば、グーグルをはじめとするシリコンバレーの企業が作り上げた連続的なイノベーションのシステムは、大きな脅威でしょう。

一方中国は、国内でグーグルやユーチューブが規制されているおかげで、バイドゥやウェイボーなど自国のウェブ・アプリケーションが台頭しています。中国政府の目的が他にあったとしても、結果として中国国内産業の育成に大きく貢献していると感じます。学術面でも、論文の質が上がってきており、日本は対抗できなくなりつつあると感じています。特に、マイクロソフト・リサーチ・アジアと連携している清華大学や香港科学技術大学は、インターンシップ等を通じた産学の人材交流を進めており、これが強みになっていると感じます。

このように、ウェブ技術でどんどん海外勢が強くなり日本が弱体化する中、今後人工知能までもが海外に後れを取ると、日本でものづくりを続けることはもう無理ではないかと危惧しています。日本としてはアジア全体の発展を日本の味方につけていかなければならないので、中国はもちろんのこと、周辺のアジア各国と協力していくべきと思っていますが、もしかしたらもう手遅れで、タイミングを逸してしまっているのではないかと危惧しています。

（二〇一四年二月二四日　午後、東京大学にて）

【注22】インターネットのウェブ上にあるデータやコンテンツ、テキスト情報から役立つ情報を抽出する処理。

第四部

ナノテクノロジー・材料分野

石油がなくなるとスーパーカーを乗り回す夢がかなわないと思い、得意のレゴの技術で新物質の合成を目指しました。

名古屋大学　伊丹　健一郎

名古屋大学　WPI・ITbM拠点長・教授
伊丹　健一郎（いたみ　けんいちろう）

一九七一年、米国ピッツバーグ生まれ。九四年京都大学工学部合成化学科卒、九七年スウェーデン・ウプサラ大学留学、九八年京都大学大学院工学研究科合成・生物化学専攻卒、工学博士号取得、同助手、二〇〇五年名古屋大学物質科学国際研究センター准教授、ＪＳＴさきがけ研究員、〇八年名古屋大学大学院理学研究科物質理学専攻化学系教授、一二年名古屋大学ＷＰＩトランスフォーマティブ生命分子研究所拠点長（兼任）、一三年ＪＳＴ／ＥＲＡＴＯ研究総括（兼任）

「合成化学は一つである」を合言葉に、新反応・新触媒の開発と分子ナノカーボン科学や動植物ケミカルバイオロジーへの展開を行っている。

受賞は、米国化学会賞、ドイツイノベーションアワード、日本学術振興会賞、Mukaiyama Award、文部科学大臣表彰若手科学者賞ほか。

●研究者を志した動機と研究テーマ

スーパーカーとレゴが好きで京大合成化学科へ

子供の時、スーパーカーとレゴ（LEGO）[注23]が大好きでした。大学を受験する際に、どの学科に入るかについて考えていた頃、石油がなくなるおそれがあるという新聞記事を読み、ショックを受けました。スーパーカーとレゴという子供の頃からの夢が、かなわないかもしれないと思ったからです。調べていくと、京都大学（京大）工学部に合成化学科があり、新しい物質を生み出すことを研究しているということを知りました。そこで京大の合成化学科に入り、ガソリンに代わる新燃料を、小さい頃から得意だったレゴのように合成しようと考えました。これが有機合成化学の分野に進むきっかけです。大学に入ってからは化学や分子に魅せられ、自ら世界を変えるような新物質を合成したいと思うようになりました。

ノーベル化学賞の野依教授から名大に誘われる

京大やスウェーデンのウプサラ大学で研究を行って博士号を取得した後、母校の京大で助手を務めていました。二〇〇五年に、ノーベル化学賞受賞者の野依良治名古屋大学特別教授（理化学研究所理事長）から名古屋大学（名大）に来ないかという話がありました。名大理学部化学科は、有機化学の分野では他を圧倒するクオリティを持っています。ここで育った優れた研究者はキラ星のごとくいます。野依先生をはじめとして、平田義正先生や、平田スクールといわれる中西香爾先生（コロンビア大学）、岸義人先生（ハーバード大学）、後藤俊夫先生（名大）、上村大輔先生（名大・神奈川大学）、ノーベル化学賞を受賞された下村脩先生などの方々です。

名大の化学科に呼ばれたからには、単に論文を生み出すのではなく、新しい分野を作るという意気込みがないとやっていけないと考えました。そこで、ユニークで誰もやっていない研究テーマとして、ナノカーボンの分野を合成化学で確立できればと考え、思い切った方向転換を行いました。名大に呼ばれなければ、このようなリスキーなテーマは思い付かなかったと思います。

食糧問題やエネルギー問題の解決に寄与できる分子の合成

私の研究では、カーボンリングの合成に成功した時や三次元湾曲ナノカーボンを初めて発見した時がブレイクスルーだったのではないかといわれることがあります。しかし自分の思いとしては、まだ納得いくブレイクスルーは得られていないというのが正直なところです。極めて大変なことでしょうが、自分が合成した分子で世の中が変わった瞬間を見届けることができて初めて、達成感を感じることができるものと思っています。自分が合成した分子が、エレクトロニクスや医薬品などに応用され、市場に浸透していくのを見届けたい。さらにいえば、人類が直面している究極の課題である食糧問題やエネルギー問題の解決に少しでも寄与できる分子を自分で合成することができたら、研究者としてこの上なく幸せだと思います。

●日本の研究環境

名大では施設設備の共有化が進む

施設・設備面においては、世界的に見ても今以上に良い環境はなかなか考えられません。私の研究室を訪れる欧米の研究者も、施設や設備の良さには一様に驚きます。

また、名大では施設・設備の共有化が進んでいます。研究室の隣の建物には、野依先生がリーダーシップを取ってつくられた化学機器測定センターがあって、ここに基本的な測定機器が一通り揃っており、若手の研究者が全く何もなしで来ても直ぐに研究を開始できる環境があります。私も、京大から移ってきた際にその恩恵を受けました。現在も、NMR（核磁気共鳴装置）などの大型装置は自分の研究室では持たず、共有施設を利用しています。メンテナンス等の手間が省けますので、共有化のメリットは大きいと思います。

機器や装置をメンテナンスするテクニシャンについては、人材を見つけてくるのもポストをつくるために資金を獲得し続けるのも大変で、苦労しています。結果的に、一人のテクニシャンに非常に多くの機器の面倒を見て貰うこととなり、問題だと思っています。

さきがけの資金で名大の研究が本格化

京大で研究者として走り出した頃は、科研費が中心でした。資金に一番困ったのは名大に移った時で、研究したいことはたくさんあるのに、研究費が足りませんでした。この時に救われたのがＪＳＴのさきがけです。申請の時には全く研究成果が出ていませんでしたが、採択の審査に当たった先生から君の夢にかけるといわれて採択され、名大での研究を本格化させることができました。現在は、ＥＲＡＴＯが最大の研究資金源になっています。私はＷＰＩの拠点長も務めていますが、ＷＰＩは研究環境づくりにしか使えない資金のため、研究費に充当できません。

採択率等を見る限り、日本の研究費のシステムは米国より健全な状況にあると感じています。米国では、本当に一握りのトップクラス研究者は潤沢な資金で研究していますが、その一つ下のレベルで、自分の目から見て日本に来たら大教授になるような先生でも、研究資金の獲得に大変苦労されています。その分、米国では民間との共同研究が活発で、これにより産学のコネクションが増えるという意味では良い面があるとも感じています。

米国では産学連携がダイナミックに進む

米国の企業の研究所を訪問すると、常に最先端のものを自分たちの中に取り入れながら前に進もうという意識が強く、大学と企業との連携がダイナミックに進められている様子が見受けられます。一方、日本企業の方と話すと、情報漏えいといったことばかりを気にしている印象があり、これでは産学連携があまり進まないな、と非常にもったいなく感じています。

すでに述べたように、私には研究開発成果を世の中に普及させ、様々な課題解決に活用されて初めて達成感を感じるであろう、という思いがあります。また、多様な視点で研究を見つめる上でも産学連携は極めて重要と認識しています。しかし残念ながら、これまでのところ私の研究室では産業界からの研究資金は少なく、今後の課題と思っています。

教育レベルは高いが、教育者のコピーを作っているだけ

一般論としていえば、日本の大学の教育レベルは高いと思います。しかし、教育者が自分たちの知見を教え込むことを重視し過ぎること、若手研究者が研究を行うための手足として使われていることなどにより、大学での教育が指導者の単なるコピーを作る仕組みとなってしまっていると思います。教育は、自分よりも優れた人材を生み出すことができて初めて成功であり、単なる自分のコピーを作るだけでは教育者としては失格です。日本の大学教育の課題だと思っています。

報告活動中心の評価は問題

人事や研究に係る評価については、報告活動が中心でうんざりしているというのが正直な感

想です。目利き人材がいて、研究の重要性などをキチンと理解してくれる仕組みとなっていれば、余分な手続きや報告が省略できると思いますが、実際は一々書類を出したりシンポジウムを開いたりしなければならず、これがどれだけ意味のある活動なのかがよく判りません。もちろん、同業の先生が研究室を訪問して我々と議論しながら評価していただく場合には、これらの先生方から重要な示唆に富む指摘が出て研究活動を良い方向に改善することに活かせる場合もあります。しかし、成果報告が中心となっている現状は問題で、苦労だけが増えて研究力が低下してしまうことを懸念しています。

そもそも量的に見て比較的小さな研究者集団しか持ち得ない日本が、世界からアプリシエイトされてきたのは研究内容がユニークだったからですし、今後とも生き残る道はユニークさを一層追求する以外にないと思います。日本の成果が数量的に中国の十分の一でも、その成果がユニークであれば国際的にも非常にアプリシエイトされます。そのためには、研究者がユニークな成果を出したいという思いを持って頑張ると同時に、研究資金を出す側が早急な成果を求めず、一見無駄に見える取り組みも我慢して見守ることが重要と思っています。しかし残念ながら、今の日本にはそれを許す雰囲気がありません。

●国際動向と日中協力

日本の研究レベルは徐々に低下

ライバルという言葉が的確かどうかわかりませんが、私の研究している有機合成化学の分野では、米国、中国に限らず世界中のいたるところに非常にインスパイアされる研究者が大勢います。

日本の研究レベルは、残念ながらこの二〇年の間に落ちてきていると感じています。海外に抜かれたというよりも、日本が自ら落ちてきています。日本の研究資金配分が管理主義に走り、研究者に事務的な報告を事細かに求めるようになっていたことと関係があると思っています。

ハングリーさを実感させるため中国へ留学させる

現在、名大のWPIでは、米国のNSFとの間で年一〇名ずつ程度の人材交流を行っており、全米の大学との間でネットワークができています。また、ドイツとも共同大学院の枠組みで学生の交換をおこなっており、カナダとの協力も行っています。一方、自分の研究室の大学院生に中国の学生のハングリーさを実感してほしいとの思いがあり、短期でも良いので中国の大学や研究所に積極的に送り出すようにしています。将来的には、WPIの協力の枠組みを中国、韓国、ヨーロッパにも広げていきたいと考えています。

中国のトップレベル研究者は自分たちの課題を熟知

中国は、単に論文数が多いだけでなく、オリジナリティのある研究も徐々に出てきています。若くして有名大学の教授となり良い論文も出している私と同年代の研究者に聞くと、彼らは欧米や日本の後追いをして人海戦術で邁進した結果、今の自分たちの地位を築いたということを理解しており、これからはオリジナルな取り組みが必要との意識を持っています。このような意識を持つトップ研究者がいるので、今後中国は良い方向に変わってくる可能性が大いにあると私は見ています。ただ中国も日本も同じで、成果・報告主義が蔓延していると聞いており、これがオリジナルな研究が育つ芽を摘んでしまうおそれがあります。

日中間では、人材の交流からはじめて、色々な科学技術協力を実施すべき時に来ていると思っています。

（二〇一四年一月二七日　午後、名古屋大学にて）

【注23】デンマークの玩具会社が販売するプラスチック製の組み立てブロック玩具。

博士課程に進学すると就職の斡旋ができないといわれましたが、全く意に介しませんでした。

東京大学　大越　慎一

東京大学　大学院理学系研究科　教授

大越　慎一（おおこし　しんいち）

一九六五年、神奈川県生まれ。九五年東北大学大学院理学研究科博士課程卒、理学博士号取得、財団法人神奈川科学技術アカデミー研究員、九七年東京大学先端科学技術研究センター、二〇〇二年ＪＳＴさきがけ研究員（併任）、〇三年同センター助教授、〇四年東京大学大学院工学系研究科助教授、〇六年同教授、一〇年同化学専攻長・理学部化学科長（併任、一二年まで）、一三年東京大学総長補佐（併任、一四年まで）、一三年同大学スペクトル化学研究センター長（併任）。

物理化学および物性化学を専門とし、新しい物性の発現をめざして、金属錯体磁性体の設計および合成、新規金属酸化物磁性体の化学的合成、光磁性体の設計と合成などを研究している。

受賞は、日本化学会進歩賞、文部科学大臣表彰若手科学者賞、日本学術振興会賞、日本学士院学術奨励賞、日本ＩＢＭ科学賞、市村学術賞、井上学術賞ほか。

●研究者を志した動機と研究テーマ

博士課程などに進学すると就職の斡旋ができない

大学に進学した当時の日本はバブルの絶頂期であり、多くの理工系の学生が銀行などの金融機関に就職できた時期でした。しかし、私は研究者になりたいと思い、当時の学生では珍しく大学院の博士課程に進学しました。担当の先生からは、博士課程などに進学すると就職の斡旋ができないといわれましたが、全く意に介しませんでした。その時の研究が面白くてしょうがなかったのです。当時行っていた研究は光化学に関するものでしたが、良い研究装置を持っていなかったため時間分解ＥＳＲ[注24]装置を所有していた東北大学の研究室と共同研究を始めました。共同研究を進めているうちに、うちの研究室に来ないかとの誘いを受け東北大学の博士課程に移りました。ここでは、ＥＳＲ／ＮＭＲ[注25]の Double Resonance を検知するための装置作りやコンピュータシミュレーションに明け暮れました。

一つ一つの分子で起きる現象を面に展開

博士号を取得した後、財団法人神奈川科学技術アカデミーに就職しました。そこには藤嶋昭博士（東京理科大学学長）や橋本和仁博士（東京大学教授）がおられ、これらの先生に誰もやったことのない研究でないと意味がないといわれ、従来にない磁性材料の研究に取り組みました。

磁性材料は、様々な研究者によって主として物理学的観点から取り組まれてきた領域で、すでにやるべき研究はされ尽くしたといわれていた分野です。しかし、化学の研究者と違って、物理学の研究者の多くは「分子」という概念を持ちません。そこで私は、化学の研究者として徹底的に分子にこだわり、一分子で起きる現象が一つ一つの分子を立体的に組み上げても起きるのではないか、という点に着目してシミュレーションを行ったところ、「光で磁石の磁極が反転する」という、これまでの常識とは異なる結果を得ることができました。当時はまだ三〇歳代前半でしたが、一つ一つの分子で起きる現象を三次元に展開するという発想が重要でした。他人と違う作り方をすれば違ったものができるのではないかとの考えにこだわり、新しいものづくり徹したことがブレイクスルーにつながったと認識しています。

三〇歳代後半からは、研究成果をどうやって社会の役に立てるかを重視し始めました。そこで、鉄をはじめとする酸化物に着目した材料研究を現在も行っており、産業界の方々から注目をいただいています。

●日本の研究環境

一つの設備を多様な資金で設置運営できないか

私の研究室の研究費は、基本的に科研費やＪＳＴ、ＮＥＤＯ等の競争的資金が中心で、運営費交付金由来の研究費はわずかです。また、当研究室は東大の中で特許出願件数がもっとも多いこともあり、民間企業からの共同研究費も大きな資金源となっています。研究費の額そのものには満足していますが、資金提供が五年で終わってしまう点が問題です。金額を少なくしてでも長期の支援が保証される方が、現場の研究者としては有難いと思います。

また、一つの設備・装置などを多様な資金で購入できるようになると、より良いシステムになると思います。現在のシステムでは、例えばＮＥＤＯの資金で購入した実験装置は科研費の研究で使えません。このため、すべての設備を研究資金源毎に管理する必要があります。施設はＮＥＤＯの資金で購入し、付随する電気工事は他の資金で行うといった柔軟な対応ができると大変有難いとおもいます。

産学連携には学生の意識改革が必要

私の研究室では産学連携は積極的に行っていますが、難しいのは研究室の学生をいかにして本気で研究に取り組ませるかだと思います。日本の学生は学費を払って勉強しており、いわば研究室のお客様だという雰囲気があります。一方、企業の研究者は本気で職を賭して行っているわけです。したがって、産学連携で最も重要なのは、取り組む学生の意識改革だと思っています。

産学連携については、情報管理の問題もあります。企業と共同研究しようとして自分たちの研究費を国のマッチングファンドで充当しようとした場合、国の資金を使用する前提として共同研究の情報をオープンにする必要があります。企業は共同研究の情報公開を嫌いますので、結果として共同研究ができなくなります。

座学は優秀だが「事を成す」との気概が足りない

日本の学生は、「事を成す」という意識がまだまだ低いように思います。研究を成し遂げるためには、座学で身に付けた知識をフル活用し、コミュニケーションの能力を持って研究に必要な情報を獲得し、最後まで「執着心を持って」粘り強く進めることが必要となります。そういった観点から、日本の学生には事を成すという気概が欠けていると感じる点があります。研究室に入るまで座学がほとんどで、コミュニケーション能力が低いのかもしれません。

例えば米国や英国の大学の場合には、学生は先生と同じ目線でやり取りしていますが、日本の場合には先生と学生が完全な上下関係となってしまい、成否も人頼みになってしまう感があります。私の大学の学生は真面目で勉強は一所懸命やり、講義も非常に熱心に聞きます。ところが、学部四年生になり研究室に入ってから自分で研究テーマを能動的に探さなければいけないとなるとカルチャーショックを受け、パニックに陥ってしまうのです。もちろん最初は私が与えるわけですけれども、本当に成果が出るか出ないかは実験してみないとわかりません。そして一回実験してだめで、二回目もだめだと、三回目にはもうまくいかない理由を探してしまうという学生が多いです。

留学しても他で通用する「何か」が必要

良い学生がいたらどんどん海外で修行させたいと、個人的には考えています。しかし、いくつか留意すべき点があります。

東大の理科一類や理科二類の学生は、入学してから一年半の教養課程の成績をもとに、その後進む学部や学科を選ぶことになっています。これを「進学振り分け」といっていますが、良い成績を挙げなければ人気の高い学部や学科に進めません。このため、教養課程の時代に留学するのは難しい場合がほとんどです。

また進学して理系の研究室に入ると、研究室側で経費を負担して一、二ヶ月程度海外に行かせることは可能ですが、留学する学生が海外の研究室でも通用する「何か」を持って行かないとただのお客さんとなり、形成すべき研究者のネットワークも限定的になってしまいます。

若手は厳しく評価すべき

人事や研究の評価に関しては、論文、特許などの基本的事項での成果は大前提です。その上で創造力、人まねではないオリジナリティを出せているかがポイントだと思います。分野にもよるかも知れませんが、特に若手に対しては厳しく評価すべきで、厳しい環境の中で切磋琢磨する関係をつくりあげることが分野全体の力の底上げにつながると考えています。

●国際動向と日中協力

研究のライバルはフランス、米国は企業が強い

磁性材料の場合は、フランスがライバルで、CNRS[注26]、パリ大学、ボルドー大学などが高いレベルにあります。他のEU諸国のドイツや英国も頑張っています。米国では大学より産業界が強く、ベンチャー企業が新しいデバイスを設計し、それをIBMなどの大きな会社が製造するという形で研究が進んでいます。これらの中では、フランスと我々は協力を進めており、私自身もパリ大学で客員教授などを務めています。また、ポーランドやチェコといった東欧諸国や中国などとの共同研究も行っています。

科学技術全体の日本の立ち位置では、基礎的な部分は強いのですが応用が弱いと思います。また、民間企業の活気がなくなっています。米国の学会で講演した後、それを聞いていたサム

スン電子の若手社員が、この金額で研究室を丸ごと買いたいがどうかと具体的金額を提示しながら吹っかけてきたりしますが、このような勢いが現在の日本の民間企業にはありません。もちろん、地道に実績を積み上げていくのが日本の強みですが。

中国の研究者は主体的に考える力が弱い

中国との交流を積極的に進めていますし、私の研究室の卒業生が中国で頑張っています。中国の課題は、自ら主体的に考える力が弱い点です。米国で非常に良い成果を出し一流誌に論文が掲載され、帰国して立派な研究室を中国で構えている先生であっても、「この次に何を研究テーマとすべきか？」を私に聞いて来たりします。しかし、それを考えることこそが研究者としての仕事のはずではないでしょうか。

また、中国は活気がある反面、まじめにやっている人ほど損をしているように見えます。例えば、間違った実験データであっても論文が掲載されれば、研究所から報奨金がもらえるのですが、「そのデータは間違っている」と正しい指摘をしても評価されません。これでは中国の科学技術水準は上がりません。今、私の研究室を出た弟子たちが中国に戻って大学の教授や中国科学院の研究者として活躍しています。データを吟味し正しいものを使いなさいと、常に私は中国にいる自分の弟子たちに諭しています。

（二〇一三年一一月一三日　午後、東京大学にて）

【注24】電子スピン共鳴（Electron Spin Resonance）の略称で不対電子を検出する分光法の一種。

【注25】核磁気共鳴（Nuclear Magnetic Resonance）の略称で外部静磁場に置かれた原子核が固有の周波数の電磁波と相互作用する現象。

【注26】フランス国立科学研究センターの略称。

米国のベル研にいた時代に、オリジナリティに対する厳しい考え方を学びました。貴重な経験でした。

東京大学　染谷　隆夫

東京大学　大学院工学系研究科　教授
染谷　隆夫（そめや　たかお）

一九六八年、宮城県生まれ。九二年東京大学工学部電子工学卒、九七年同大学大学院工学系研究科終了、博士（工学）取得、同大学生産技術研究所助手、九八年同講師、二〇〇一年米国コロンビア大学客員研究員、〇二年東京大学先端科学技術研究センター助教授、〇三年同大学大学院工学系研究科助教授、〇九年同教授、一〇年ＮＥＤＯプロジェクトリーダー（兼務）、ＪＳＴ／ＥＲＡＴＯ研究総括（兼務）。

有機トランジスタ、大面積エレクトロニクス、センサ・アクチュエータについての研究。

受賞は、文部科学大臣表彰、市村学術賞、日本学術振興会賞、日本ＩＢＭ科学賞、ナノテク大賞ほか。

●研究者を志した動機と研究テーマ

新しいものを開拓していくことに惹かれ研究者に

研究者であった父親の影響もあり、小さい頃から研究という仕事は身近なものでした。東京大学（東大）に入り大学院の博士課程に進学すると、研究が徐々に面白くなり、明確に研究者になりたいと思うようになりました。研究者の中には小さい時から鉄腕アトムが好きでロボットの研究者を目指したという人もいますが、私の場合には「こういうことを研究したい」という明確なものを最初から持っていたわけではなく、新しいものを開拓していくこと自体に漠然とした魅力を感じていました。

博士号を取得して東大の生産技術研究所（生産研）に就職し、自分の研究テーマを何にするかを考え始めました。特に、大学院生の時に指導教員である榊裕之先生や助手時代の上司である荒川泰彦先生に相談しました。その議論の中で出てきたのが、現在研究している有機エレクトロニクス、フレキシブルエレクトロニクスといったテーマで、将来性を強く感じました。米国のベル研究所（ベル研）とコロンビア大学で在外研究を行う機会に、この有機エレクトロニクスの研究テーマを本格的に開始することとなりました。

米国ベル研でオリジナリティの重要さを実感

二〇〇一年からベル研に滞在していた時に、オリジナリティに対する厳しい考え方を学びました。貴重な経験でした。例えば、私が良いアイディアを思いついて同僚と話をすると、「そのアイディアをやるのだったら、ここに専門家がいるから彼と一緒に共同研究したらいい」といわれました。最初のうちは、喜んでディスカッションをしたり、共同研究を行ったりしていました。しかし、このような著名な研究者と共同研究を行っても、共同研究相手の名声の陰に自分の貢献が隠れてしまいます。オリジナルな研究をするという意味は、まだ誰も専門家がいない新しい領域を自分の力で切り拓いていくことなのだと感じるようになりました。

新しい問題意識で、新しい構造材料を探索

米国での在外研究から東大に帰り、有機エレクトロニクス、フレキシブルエレクトロニクスといったテーマで研究を進めました。従来のエレクトロニクスでは、単に演算速度など電気特性だけに注目して特性の改善を進めてきていました。一方で、フレキシブルエレクトロニクスでは、本来トレードオフの関係にある材料の電気性能と機械性能を同時に良くする必要があります。私は、この問題意識で、伸び縮みする電子素材など、フレキシブルエレクトロニクスの重要な研究成果につなげることができました。

新しいものを作り出す研究の第一歩は、他の研究者と違うことをやるということに尽きま

す。他人と違うことをやるのですから失敗することもありますが、人と同じことをやっていては新しい成果は期待できません。一旦決心して、人と違う研究をやり始めると新たな課題が色々と出てきて、それが成果への道を拓いてくれると思います。

●日本の研究環境

優れた米国の情報発信力とオリジナリティ

日本においては、プロジェクトが大型化し、局所的には良い施設・設備が整ってきました。しかし、当然のことながら、大きな研究費を得て良い設備を持っただけで、良い研究ができる訳ではありません。私が米国に滞在した時の印象では、コロンビア大学、プリンストン大学、ベル研等は、施設・設備については東大と比較して特に優れているという訳でもありませんでしたが、彼らの情報発信力は素晴らしく、世界の中で大きな存在感があります。この違いは、オリジナリティのある研究に魅せられて、優秀な研究者が集まり、人的なネットワークが広がっているかどうかだと思います。

機器の共用化では維持管理が重要

共用の施設・装置の整備も重要です。世界トップレベルの研究を行おうとすればするほど、個々の研究に特化した装置になってしまいます。私の研究室にも日本でここにしかない装置がありますが、他に貸与すると調整し直さなくてはならないため、共用に適しません。一方で、汎用的な機器であっても、価格が高く一研究室で持つことが困難なものもあります。このような装置を、共通機器として導入できれば、有限の研究費を有効に使えます。問題は、設備や機器を導入するだけでなく、維持管理の経費を確保して、装置の活用を継続ができるかです。共有の施設や設備を整備する一方で、維持管理に必要なテクニシャンなどを雇用できる仕組みなどが必要です。

研究室の立ち上げのスピードアップには、若手支援が必要

私の研究は、色々な競争的研究資金によって支えられています。例えば、JSTのERATOプロジェクト「生体調和エレクトロニクス」です。他にも、NEDO事業「次世代プリンテッドエレクトロニクス材料・プロセス基盤技術開発」プロジェクトや科研費などがあります。共同研究を通じた民間からの資金もありますが、国の競争的資金と比較すると一件当たりの額は大きくありません。

私は、米国から日本に帰国して、直ちに独立した研究室の立ち上げを開始しました。競争が激しい分野では、研究資金に応募して採択されても、実際に研究が開始できるようになるまでの時間が長いと、勝負についていけません。私の場合には、ちょうど研究室の立ち上げ

時期に、所属する専攻が進めるプロジェクトのメンバーに加えてもらえるという幸運に恵まれ、欧米並みのスピードで研究室を立ち上げることができました。私の専攻では、グローバルＣＯＥプログラム【注27】などによって、若手がスタートアップ等の際に大きなサポートを受けて、研究室がタイムリーに立ち上がった例が多く見られました。

米国では、若手研究者に対する支援制度が整っており、若手が応募できる資金で比較的規模が大きなものもあります。また、競争的資金のオーバーヘッドが共同利用施設や装置の運用資金に充当されているので、新しい職場に着任後直ぐに研究に着手できます。日本も海外のこのような優れた事例を参考にして、より良い大学のサポート体制や仕組みを実現していく必要があると思います。

日本の研究資金制度で、良い面もあります。米国の競争的資金の採択率は、日本よりもきわめて低く、また不安定です。国の資金だけに頼っていると安定的といえず、産学連携等により多様な資金源を確保しなくてはなりません。日本の競争的資金の一部は、年度の繰越が認められるようになるなど使い勝手が良くなってきています。ただ、大型資金になると、様々なプロジェクト間で連携しにくい場合もあり問題です。融合境界領域における研究開発を推進するためには、ダイナミックに連携を強化することが重要で、この視点から更なる改善が必要であると感じています。

産と学の距離を縮め、現場ニーズをとらえる感覚を養いたい

日本の大学における工学研究は、徐々に、産業界との遊離が進んでいると感じています。医学であれば目の前の患者を治すために、常に現場感覚を持つことができます。一方で、工学の一部の分野では、細かく専門分化して分かりにくくなり、その結果、現場における課題の本質を見抜く鋭敏な感覚が失われがちです。米国では、研究成果を産業応用してベンチャーを立ち上げることは日常的に行われており、人々がいま何を欲しているかというニーズにすぐ対応できる仕組みがあります。日本はまだ、このようなことが定着していません。地道に産と学の距離感を縮めていくことが必要です。

研究人材の多様性が重要

次世代を担う人材育成は重要です。世の中が混沌としている中、複雑化する問題の解決には、新しい発想が必要となっています。そのため、多様性のあるヘテロな人材でチームを組むことが極めて重要です。多様な人材が自然に集まってくる米国でさえ、人材の更なる多様化を進める努力を継続しています。そのような中で、日本の大学や研究所が本気で文化、分野の異なる人材を登用する気があるかどうかが問われています。

ある研究領域で腹をくくって勝負するという志の高い優秀な人材を、他の国々に劣らず日本に集められるかどうかがポイントです。薄く広くといった対応ではなく、本当に抜きん出て優

秀な人材を数多く集めて高いレベルの拠点を作り、国際的な研究交流も世界的トップ集団と行うような仕組みとする必要があります。日本が優位性を有するテーマを強化して、そのような拠点を作る必要があります。

研究人材やプロジェクトの評価ですが、分野によって著しく異なりフェアな評価は難しく、膨大な時間がかかる割には効果が少ない点が問題です。そこで、あまりまんべんなく評価するのではなく、例えば准教授から教授に昇進する段階で、世界中から一〇人位の研究者の推薦状を貰うような透明性の高い評価を行うなど、タイミングや項目を絞って実施する方がよいと考えています。

●国際動向と日中協力

ライバルではなく研究分野を盛り上げる仲間

私の研究分野には世界中に良い研究者がたくさんいて、彼らと友好的に競争しています。同じアプローチで全く同じゴールを目指しているということではなく、それぞれのグループが自分たちの信じるアプローチで研究をしており、ライバルというより、お互いに良い影響を与えながら、切磋琢磨して、研究分野を盛り上げていく仲間です。

研究室における国際的な交流では、人数は限られていますが世界中の大学と学生の交換をしています。短期で来た学生の中には、日本の研究環境を気に入って本格的に日本にやってくる研究者もいて、私の研究室では三〇％以上が長期滞在の外国人です。このような研究交流を積極的に進めていくと、将来は、さらに多くの研究者が来日するようになるであろうと推察します。

資金や人材の拡大が効く分野は限られる

研究にはオリジナリティが重要です。観念的に「環境問題が重要だから太陽電池の研究が重要」といったロジックで研究をしようとしても、オリジナリティがない研究は、結局は影響力を持つ研究トレンドを作り出せません。世界でここにしかないというものを作り出して研究する必要があります。研究の影響力には、過去の積算値が効くので、直ぐにはトップ集団と対等に競争できるものではありません。一方、中国や韓国をはじめアジア諸国の台頭が進む中、オリジナリティのある研究を推進して、求心力のある拠点を日本に作り上げていくことが、喫緊の課題です。

中国では、米国から優秀な研究者が多数帰国しています。中国の存在感が増してきていますが、早晩、中国も日本と同じ問題にぶつかるはずです。すなわち、科学技術において、研究資金や人材の拡大だけで問題が解決できる分野はそんなに多くないので、キャッチアップのフェーズが終わったときに、本当の実力が問われます。学術的フェーズの競争をフェアに進める中で、オリジナリティを追求し、オリジナリティのある研究を評価するというアカデミックなカルチャーは、一朝一夕には育ちません。しかしながら、中国の研究者には素晴らしい人もいるので、時間を掛けながら中国ならではの研究が進んでいくことと思います。
中国との研究協力ですが、最初は相互理解を深める交流から始め、そこから共同研究に発展するものがあればサポートするというように、自然な形で段階を経て発展させるのが良いと考えます。このような交流から、将来、両国の優秀な研究人材が多く集まるプロジェクトや拠点が発足できたら素晴らしいと思います。

（二〇一三年一一月一五日　午後、東京大学にて）

【注27】国際的に卓越した教育研究拠点の形成を重点的に支援し、国際競争力のある大学づくりを推進することを目的とする文部科学省の事業。

新材料や物質に秘められている有益性を引き出すことを、物理学の視点から研究しています。

物質・材料研究機構　塚越　一仁

物質・材料研究機構　MANA　主任研究者

塚越　一仁（つかごし　かずひと）

一九六六年、群馬県生まれ。九〇年名古屋大学理学部物理学科卒、九二年大阪大学大学院修士課程卒、日立製作所日立研究所研究員、九五年大阪大学大学院博士課程卒、理学博士号取得、九六年英国ケンブリッジ大学キャベンディッシュ研究所客員研究員、九九年理化学研究所研究員、二〇〇八年産業技術総合研究所主任研究員、〇九年物質・材料研究機構・国際ナノアーキテクトニクス研究拠点（ＭＡＮＡ）主任研究者。

プラスチック基板をはじめとする様々な基板上に低温で作製可能なトランジスタのための基礎伝導機構解明と制御技術確立を目指した研究を進めている。

受賞は、文部科学大臣表彰若手科学者賞、日本学術振興会賞ほか。

●研究者を志した動機と研究テーマ

バブルがはじけて民間企業を辞め博士課程に進学

名古屋大学や大阪大学の大学院で勉強をするうちに、自然の材料を研究の対象として何かに役立てる職業に就きたいと考えるようになりました。修士課程を卒業した後、研究職に就く前提で民間の企業に就職しましたが、バブルがはじけた直後の一九九二年であったため、会社の研究戦略が大幅に見直されてしまいました。そこで、やむを得ず大阪大学の大学院で勉強し直すことにしました。その後、英国への留学や、理化学研究所、産業技術総合研究所などを経て、現在、物質・材料研究機構（物材機構）で研究を行っています。

物理学の視点から新しい材料開発

私の研究材料は変遷してきました。しかし基本的なスタンスは、今までに使われていない材料や物質に秘められている有益性を引き出して役立つものにすることを物理学の視点からアプローチするというもので、これはずっと一貫したものになっています。

これまでの研究経験でいえば、自分が納得のいく形で論文がまとまると達成感を感じますが、世の中を変革するようなブレイクスルーはまだまだかなと思っています。

英国に留学しケンブリッジにいた頃、研究資金が途切れたため、なるべくお金のかからない研究をするという発想転換を行ったことがあります。この経験を通じ、一つのテーマに固執するのではなく、時々の資金の状況等に応じて研究を柔軟に転換、あるいはリセットすることが重要と考えるようになりました。

●日本の研究環境

外国からの研究者が容易にスタートアップ

物材機構の中で、私は国際ナノアーキテクトニクス研究拠点（MANA）に所属しています。このMANAは文部科学省の九つのWPIプログラムの一つで、世界トップレベルの研究水準と魅力的な研究環境を併せ持つ新しいタイプの研究拠点です。国際化や若手研究者育成プログラムで高く評価されています。MANAには充実した共用設備があり、施設・設備が充実しています。外国から研究者がやってきてもすぐに研究のセットアップができます。もちろん、装置の順番待ちや、それぞれの研究内容に応じて装置を適切な状態にセットアップする最適化のための作業がありますが、良好な環境です。

研究補助体制についても大きな問題はなく、施設設備の管理はシニアの研究者に助けて貰い、事務面は物材機構の事務局よりサポートしていただきます。

こういったこともあり、ＭＡＮＡでは二〇〇人強の所帯で、半数以上が外国人研究者となっています。物材機構では積極的に国際交流を行っていて、他にも若手研究者を対象としたプログラムである「若手国際研究センター」で外国人比率の高い研究組織作りが行われています。

私のグループでは産学連携を活発に行っており、これまでに多くの企業と共同研究をしてきました。連携先は半導体関連企業が中心で、我々の実験手法や開発した材料に興味を持った企業と一緒に研究を行っています。

新しい研究の芽を育てる理事長裁量経費

私の研究資金は、これまでＪＳＴのＣＲＥＳＴや科研費が主要なものでした。ＪＳＴの資金では、まずさきがけに採択され、その後ＣＲＥＳＴに移行することができました。

これに加えて、ＮＥＤＯや物材機構から萌芽研究を支援して貰いました。挑戦的なテーマに対してサポートしてもらったことで、新たな芽を見つけることにチャレンジすることもできました。

研究費の予算執行をもっとフレキシブルに

今までの研究資金はどれもポイント・ポイントで大変助けていただきましたが、更に改善すべき点があるとすれば米国のように予算執行をもっとフレキシブルにすることができればと思うこともあります。

近年、科研費などで会計年度をまたいだ研究費の繰り越しができるようになりましたが、繰り越すためには理由が必要になります。そうすると、繰り越す理由によって研究資金の用途が限定され、自由な使い方ができなくなるという不便さがあります。

また日本の場合、三年間のプロジェクトであれば、三年経った時点で研究費が使用できなくなります。これを少し緩めて、プロジェクトが終了した四年目にも少し使えるようになれば、毎年メンテナンスしなければならない機械や薬品、さらにはプロジェクト雇用の人材等を次のプロジェクトにつなぐことができると思います。

良い外国人研究者に日本で活躍してもらえない

研究者の人材養成ですが、折角海外から優秀な研究者を受け入れ、その研究者が良い成果を挙げても、任期切れ直前となると本国や第三国にポストを見つけ、日本から出て行ってしまいます。優秀な研究者ほどその傾向が顕著です。これらの優秀な研究者をつなぎとめるポストや資金があると、大分状況が変わってくるのではないかと思い、残念です。

●国際動向と日中協力

リセットしてＭＡＮＡに来る中国研究者はアグレッシブ

研究というのは、陸上競技のように勝ち負けの関係ではなく、単にライバルというよりはある意味仲間だと考えています。この意味で世界中の人々と一緒に研究していければと思っています。

中国では、国際的な視点から見て科学技術の向上に向け非常に頑張っていますが、根本の部分で頑張るというよりキャッチアップすることを急いでいるように見え、残念に思っています。

中国から物材機構に来ている研究者は、極めてアグレッシブです。これまで国内でやってきたことをリセットし、生活環境や人間関係の違うところに来る、研究環境も違うということにチャレンジするという点で、よく頑張っています。このような人たちですから、ＭＡＮＡで研究している間に信頼関係が構築できたら、中国に帰っても我々にとって良い協力相手になってもらえます。実際に一〇名弱の若い人たちが、帰国後、中国の大学で教授、副教授等のポストで活躍されており、時々近況や国際共同研究の相談などの連絡をいただきます。こういった草の根レベルでの協力により、我々も将来の日中科学技術協力にお役に立てればと思っています。

（二〇一三年一一月一二日　午後、物質材料研究機構にて）

小手先で研究を始めても失敗するので、装置開発に一年ほどかけ、本腰を入れて研究して、成果を出しました。

産業技術総合研究所　湯浅　新治

産業技術総合研究所　ナノスピントロニクス研究センター長

湯浅　新治（ゆあさ　しんじ）

一九六八年、神奈川県生まれ。九一年慶應義塾大学理工学部物理学科卒、九六年同大学大学院理工学研究科博士課程卒、博士（理学）取得、工業技術院電子技術総合研究所研究官、二〇〇一年産業技術総合研究所主任研究員、〇四年同研究所エレクトロニクス研究部門スピントロニクスグループ長、一二年同研究所ナノスピントロニクス研究センター長。エレクトロニクスの一分野であるスピントロニクス研究の第一人者で、巨大ＴＭＲ（トンネル磁気抵抗）効果素子の発明者である。

受賞は、朝日賞、内閣総理大臣賞（産学官連携功労者表彰）、井上春成賞、日本学術振興会賞、日本ＩＢＭ科学賞、つくば賞、丸文学術賞、市村学術賞ほか。

●研究者を志した動機と研究テーマ

高温超伝導ブームがきっかけで物理学科へ

私は基本的に理系人間で文系の科目は苦手でしたので、大学は理系に進学するしかないと思い、ロボットの研究をするつもりで慶應義塾大学に入学しました。私が大学に入学した時期は、酸化物高温超伝導体の発見でスイスとドイツの科学者がノーベル物理学賞を受賞した時期（一九八七年）と重なっており、まさに超伝導ブームの時期でした。これに影響され、二年生のときに行われる学科振り分けで物理学科に進みました。

物理学科内の研究室を決める際は、高名な先生がおられた磁性材料の研究室に入りました。ところが実際に研究室に入ってみると、磁性材料というのは非常に古い分野で、研究の種も出尽くしており大きな発展の余地があまりない分野という感じでした。例えば物理学会に参加しても、磁性材料関係の会場には人が五～一〇人しか集まらないという寂しい状況で、発表しても張り合いがありませんでした。その一方で、磁性と電子工学の融合分野であるスピントロニクス[注28]は大変に人気があり、とりわけ巨大磁気抵抗[注29]の研究が当時流行っていて、そちらの会場は立ち見が出るほどの盛況でした。そこで折角ならば活気ある分野に行きたいと思い、博士号を取得して電子技術総合研究所（電総研[注30]）に就職したのを機に、スピントロニクスに取り組むことにしました。

本腰を入れて装置製作を行い新しい素子を開発

電総研においても、磁性材料は過去の分野と認識されており、研究費がほとんどない状態で建て直しを真剣に考えました。電総研では、材料研究そのものではなく応用に結びつくデバイス・素子の開発でなければ認めてもらえないということが分かり、トンネル磁気抵抗素子の研究を始めました。私は酸化マグネシウムで新しい素子を作製するべく研究を始めＪＳＴのさきがけに応募したところ、うまく採択されて装置製作の資金のめどもつきました。酸化マグネシウムでトンネル磁気抵抗素子を作る試みは、私の前にヨーロッパの研究者が行って失敗していました。私は、小手先で素子を作製しようとしてもヨーロッパの研究者のように失敗すると考え、本腰を入れて一年程度は装置作りに専念し、それから素子の作製を行おうと考えました。このため、最初のうちは装置の製作だけで全く研究成果が出ず、つらい思いをしましたが、さきがけの総括の神谷武志先生（東京大学名誉教授）が大変辛抱強い方で、さきがけの終了する三年間のうちに成果が出ればいいのですよと逆に励まして貰いました。一年ちょっと経ったところで成果が出始め、これが朝日賞などの受賞などにつながりました。

●日本の研究環境

コンプライアンス不況となっている

私の研究室の施設や装置は、世界最先端のものが揃っています。

むしろ、この最先端の装置や施設をどのように効率的に動かし成果を挙げるかが問題で、人の確保に苦労しています。研究費の規模が大きくなっても、研究員はあまり増えません。また自分の業務で考えると、研究とは直接関係しないコンプライアンスやセキュリティに係る書類作成などの仕事が年々増えており、本来の研究になかなか専念できない状況です。感覚的にいうと、昔の古き良き国立研究所の時代は、勤務時間の九割ぐらいをクリエイティブな研究に割けたのですが、現在は五割位にまで落ちていると感じています。私は、このような日本の状況を「コンプライアンス原理主義」と勝手に呼んでいます。コンプライアンスやセキュリティが非常に重要であることに議論の余地はありませんが、極端ないい方をするとコンプライアンス・セキュリティを守るためなら研究パフォーマンスもいくら下がっても経費がいくら掛かってもいいという風潮があることが心配です。コンプライアンス・セキュリティの維持と研究効率を上手くバランスさせるための合理的・論理的な考え方を持つ必要があると思います。

外国人研究者に対する事務処理は日本語しか受け付けない

また、日本人の英語能力があまりないという問題もあります。産総研の私の研究センターでは、研究員の三割を目標に外国人研究者を積極採用しています。私の研究室でも、外国出身の研究者とのコミュニケーションの円滑化のため、研究室のメンバーや秘書、補助員の人たちを含め全員にＴＯＥＩＣ受験を義務付けており、努力目標を九〇〇点に設定しています。私も留学経験はありませんが、努力をして九六〇点を取っています。ところが、産総研も含めて日本の大学・公的研究機関・企業の英語対応は全般的に不十分です。日本の研究機関の英語対応レベルは欧米の主要大学・研究機関に遠く及ばず、韓国・台湾・シンガポールなどアジアのライバル研究機関と比べても劣っていると思います。このままだと、国際的な人材獲得や人的ネットワーク作りで日本の研究機関は埋没していくと危惧しています。

さきがけの領域会議が頑張りのばねに

私がセンター長をしているナノスピントロニクス研究センターの研究資金は、現在六割が外部資金で四割が産総研の運営費交付金です。外部資金は、ＮＥＤＯ、ＪＳＴ及びＪＳＰＳの三つが主な資金源となっています。ＮＥＤＯの資金は、マッチングファンドが増えてきており、民間から五〇％の拠出がなければ採用されないプログラムが多くなっています。

私はすでに申し上げたように、ＪＳＴのさきがけに大変助けられました。ＪＳＴのプログラムは眼が研究者を向いていますので、大変助かっていています。さきがけで良かったと感じた点をもう一つ挙げますと、領域会議という制度です。これは、半年に一回合宿形式で同じ年代で勢いある研究者が集まって、著名な先生の前で半年間の成果を発表し合う場です。そこで貧弱な発表をすると、先輩や同僚の研究者に対してものすごく恥ずかしい思いをするので、必死で準備をしなくてはなりません。これがさきがけの良いところで、個人的には最初の二、三回目まではほとんど発表する成果がなくて、その恥ずかしさをばねに頑張ったのが良い成果に結びつきました。私はさきがけの大ファンとなっており、研究室の若手メンバーにはさきがけに応募するようにいつも勧めています。

博士課程の学生の論文数が減っている

研究者の教育・養成で感じることは、日本の学生が論文を書かなくなっており、これが問題だと思います。自分の学生時代の経験では博士課程の時代に筆頭論文を一二本書きました。他の学生も皆、平均的に五〜一〇本程度書いていたと思います。

ところが、最近は論文二〜三本で博士号を取ってしまう研究者が多くなっています。これでは、論文を書くスキルをきちんと身に着けていない学生が大量にドクターとして卒業してしまい、雇う側は論文の書き方から教えなければならず大変です。各大学とも大学院の定員がなかなか埋まらず、もし三年で博士号が取れない学生が出ると博士課程に進学する学生が減少することを恐れています。だから、論文二〜三本でも博士号を取得させ卒業させてしまう、という状況になっています。

　当然のことながら、論文を書く能力は研究者にとって極めて重要であり、また、若いころに身につけないといけません。日本全体で論文数が下がっている元凶はそこにあるのではないかと個人的に感じています。

　産総研はかなり評価に熱心であり、熱心過ぎるほどではないでしょうか。組織としての研究センターや研究部門は、二年に一回外部評価委員の評価を受けますし、研究者の個人評価は毎年行われ、結果がボーナスや昇格にかなり厳密に反映されています。ただ厳密に評価しようとするあまり、評価にかける労力と時間をかけ過ぎるのもいかがなものかと、個人的には思ったりします。

●国際動向と日中協力

サムスン電子の事業化スピードが脅威

　私の分野は日本が強く、同じテーマに取り組む有名な研究者に大野英男先生（東北大学電気通信研究所教授）などがおられ、海外では米国とフランスが競争相手です。一方、我々は企業との共同研究も行っているので、我々のパートナー企業にとってのライバルとなると、韓国のサムスン電子及び米国のインテル、ＩＢＭ、マイクロン等となります。特にサムスン電子は、研究開発で二年アドバンテージがあっても事業化のスピードが速いので、いつ逆転されるかわからないという意味で脅威に感じています。

スピントロニクスの分野については良い研究者が日本にたくさんいてあまり心配していませんが、半導体エレクトロニクス全般となるとかなり地盤沈下していると思います。材料全般が強いというのが日本にとって最後の砦だと思っています。

国際的な共同研究は、フランスや米国の大学等と行っています。

中国と米国とで人脈が築かれつつある

中国の科学技術レベルは玉石混交だと思いますが、研究者数が大きいのでトップの部分だけでもかなりの人数です。現在の中国は伸び盛りであり、特に米国帰りの優秀な研究者のもとに、熱心な働き手となる研究者がたくさんいる点が脅威です。材料関係では、カーボンナノチューブ、グラフェンなどの分野の伸びが大きいと思います。

米国の主だった大学の研究者は、日本を飛び越えて中国の大学と連携しています。元々、米国の大学や研究機関には中国人の留学生が多く、人脈が築かれています。日本の存在感がすっかり小さくなくなっており、米国の大学には日本の研究者と連携しようというモチベーションがなくなっている気がしており、危機感を感じています。中国は優秀な学生の宝庫であり、日本にとっても協力先として大変魅力的ですが、中国人としても英語を覚えながら研究をしたいので、当然英語が母国語の米国などの協力が最優先となってしまうのが痛いところです。

（二〇一三年一一月一三日　午後、産業技術総合研究所にて）

【注28】固体中の電子が持つ電荷とスピンの両方を工学的に応用する分野のことで、スピンとエレクトロニクスから生まれた造語。

【注29】磁気抵抗効果（物質の電気抵抗率が磁界により変化する現象）の一種で、普通の強磁性金属では一～二％しかない磁気抵抗が、特殊な多層膜で数十％以上となる現象。

【注30】旧通商産業省工業技術院傘下の研究所であったが、二〇〇一年の省庁再編にともない独立行政法人産業技術総合研究所（産総研）に統合再編された。

あとがき

本書は、私と同僚の岡山で現在最前線にいる若手中堅の研究者にインタビューを実施し、その結果を二人で分担して取りまとめ、インタビューを受けていただいた研究者に確認しました。したがって、インタビューの内容については事実関係に問題はないと思いますが、文責は私と岡山にあると考えています。

なお、本書の作成過程で、多数のインタビューを受けていただいた研究者とのやり取りなどの事務的作業を、我々二人が属する科学技術振興機構研究開発戦略センターの竹石優子さんに担当していただきました。ここで彼女のご助力に対して感謝の意を表したいと考えます。

二〇一五年三月

科学技術振興機構研究開発戦略センター
上席フェロー（海外動向ユニット担当）
林　幸秀

著者紹介

林　幸秀（はやし　ゆきひで）

（独）科学技術振興機構研究開発戦略センター上席フェロー（海外ユニット担当）。一九七三年東京大学大学院工学系研究科修士課程原子力工学専攻卒。同年科学技術庁（現文部科学省）入庁。文部科学省科学技術・学術政策局長、内閣府政策統括官（科学技術政策担当）、文部科学審議官などを経て、二〇〇八年（独）宇宙航空研究開発機構副理事長、二〇一〇年より現職。著書に『理科系冷遇社会～沈没する日本の科学技術』、『科学技術大国中国～有人宇宙飛行から、原子力、iPS細胞まで』、『北京大学と清華大学～歴史、現況、学生生活、優れた点と課題』など。

岡山　純子（おかやま　じゅんこ）

（独）科学技術振興機構エキスパート（研究開発戦略立案担当）、研究開発戦略センターフェロー（海外動向ユニット）。早稲田大学理工学研究科修士課程修了。システムエンジニア、経営コンサルタント、公共コンサルタントを経て二〇〇五年末から現職。

日本のトップレベル研究者に聞く
［研究者を志した動機と研究テーマ、日本の研究環境、国際動向と日中科学技術協力について］

二〇一五年　三月三一日　初 版 発 行

編集 著作者　独立行政法人
科学技術振興機構
研究開発戦略センター

著作者　林　幸　秀
岡　山　純　子

発行所　株式会社　美巧社
〒七六〇－〇〇六三
香川県高松市多賀町一－八－一〇
電話（〇八七）八三三－五八一一
http://www.bikohsha.co.jp/

製作／株式会社　美巧社

ISBN 978-4-86387-059-8 C0040